心态积极精神好
心力强大有担当

新时代干部心理能力建设书系

中共中央党校党建部创新工程

★

胡月星 主编

领导人格完善与心力提升

顾凡／编著

SPM

南方出版传媒

广东人民出版社

·广州·

图书在版编目（CIP）数据

领导人格完善与心力提升 / 顾凡编著. —广州：广东人民出版社，2021.5

（新时代干部心理能力建设书系 / 胡月星主编）

ISBN 978-7-218-14432-0

Ⅰ. ①领… Ⅱ. ①顾… Ⅲ. ①领导人员—人格心理学 Ⅳ. ①B848

中国版本图书馆 CIP 数据核字（2020）第 153380 号

LINGDAO RENGE WANSHAN YU XINLI TISHENG

领导人格完善与心力提升

顾　凡　编著

出 版 人： 肖风华

责任编辑： 曾玉寒　伍茗欣

装帧设计： 闰江文化

责任技编： 吴彦斌　周星奎

出版发行： 广东人民出版社

地　　址： 广州市海珠区新港西路 204 号 2 号楼（邮政编码：510300）

电　　话： （020）85716809（总编室）

传　　真： （020）85716872

网　　址： http://www.gdpph.com

印　　刷： 广东虎彩云印刷有限公司

开　　本： 787 mm×1092mm　1/16

印　　张： 12　　**字　数：** 150 千

版　　次： 2021 年 5 月第 1 版

印　　次： 2021 年 5 月第 1 次印刷

定　　价： 36.00 元

如发现印装质量问题，影响阅读，请与出版社（020-85716849）联系调换。

售书热线：020-85716826

《新时代干部心理能力建设书系》编委会

参与研究及支持单位

中共中央党校（国家行政学院）

中国浦东干部学院

中共国家税务总局党校（国家税务总局税务干部学院）

中共北京市委党校（北京行政学院）

中共丽江市委党校（丽江市行政学院）

中国健康管理协会

中国领导科学研究会

中国人才研究会

中国健康管理协会公职人员心理健康管理分会

残疾人事业发展研究会心理健康专业委员会

广州市干部健康管理中心

红色地标（北京）领导力研究院

西安思源学院新发展理念与领导力研究中心

总　序

建设高素质专业化干部队伍，不仅包括思想建设、作风建设、组织纪律建设，还应当包括心理能力建设。我们党的干部队伍，不仅要政治过硬，本领高强，还要心理健康。习近平总书记在党的十九大报告中强调，“打铁必须自身硬”，这个“自身硬”既包括信念坚定、思想领先、作风顽强，还包括心理能力素质过硬。2018 年 5 月，中共中央办公厅印发《关于进一步激励广大干部新时代新担当新作为的意见》，其中明确要求，要“满怀热情关心关爱干部。坚持严格管理和关心信任相统一，政治上激励、工作上支持、待遇上保障、心理上关怀”，同时明确要“关注干部心理健康”。在同年召开的全国组织工作会议上，习近平总书记进一步强调，要“真情关爱干部，关注干部身心健康”。此后，中共中央组织部又专门下发《关于认真做好关心关怀干部心理健康有关工作的通知》，对做好干部心理健康有关工作提出了明确、具体的要求。这一系列举措的出台，既体现了中央对干部心理健康工作的重视，也折射了加强干部心理健康工作的重要性与紧迫性。

心理能力本质上就是一种心理能量，是一种面对现实、追求目标、克服困难、完善自我、积极向上的内在力量。积极心理学研究认为，乐观向上的精神状态、主动积极的工作态度、认真负责的专业精神、知难而上的信心勇气、矢志不移的奋斗追求等是组织与个人取得成就或成功的根本所在。把心理能力建设纳入到加强党的干部队伍自身建设中，对于增强党的凝聚力与战斗力，激发各级领导干部心理活力，营造风清气正良好政治生态环境，都是至关重要的。

鉴于此，《新时代干部心理能力建设书系》从新时代建设高素质专业化干部队伍的客观需要出发，从构建社会心理服务体系能力建设的目标要求入手，围绕如何提升领导干部心理能力这个主题，从领导干部心理健康及其维护的各个层面进行了有益探索。其目的在于进一步增进领导干部心理能力发展水平，培育健康积极的心态，为提升领导干部的领导力提供动力支持。《新时代干部心理能力建设书系》着眼于当下领导干部心理健康发展的实际需要，从心理学、领导科学、社会学乃至医疗健康等学科视角对心理健康问题进行了全面深入的解析。这套丛书特色鲜明，亮点突出，针对性强，实用度高，是对干部心理健康进行深入细致研究的系统性创新理论成果，为大家深入认识心理健康、开展自我心理调节、提高心理灵活性、增强积极心理能力等方面提供科学有效的帮助指导。本丛书的突出特点体现在以下几个方面：

一是贴近实际。丛书以各级干部为研究对象和服务对象，聚焦当下领导干部的心理问题，提出了具有针对性的对策建议。透过《把握心理健康的金钥匙》《增强积极心理能量》以及《变革时代的心理适应与发展》的深入阐述与精辟分析，为各级领导干部如何认识心理健康，如何积极响应时代召唤增强积极心理能量提供了许多富有价值的对策建议。

二是科学解读。心理问题既是一种表象，更有着深刻的内在原因。对于心理问题及其存在障碍的解读需要从心理发展轨迹入手，需要从领导干部承担的角色压力及其心理需要进行深入探讨。丛书中的《会减压才能从容领导》《构建和谐愉快的人际关系》《健康心态需要自我认知》都是从干部的现实需要入手，从压力缓解、人际和谐和自我认知等大家感兴趣的话题展开。这些深层次的问题，是影响干部心理健康的重要因素。

三是内容丰富。丛书注重理论研究与实践应用相结合。把《领导人格完善与心力提升》《领导养心与养生》也纳入视野，将干部普遍关心的自我人格完善、心理资本、心力与志趣、提升心理生活适应能力等现实问题进行逐一阐述，形成丰富完备的内容体系。《走出抑郁　宽松心态》和《科学化解内心的焦虑》都以大量真实案例为依托，将干部心理问题写活、说透、讲明，为干部创造一个深度共鸣、贴近需求、实用好用的阅读能量场，让干部能够开卷有益。

四是注重应用。《新时代干部心理能力建设书系》从不同侧面对领导干部心理健康进行了深入具体的阐述，提出了许多富有价值的对策建议，有的书稿在内容中间或章节末尾还增设各种心理测评问卷，帮助干部开展自测自评。这套内容丰富详尽的书系，既可以满足干部心理能力建设培训学习的实际需要，也可以作为干部自我提升的案头工具书，满足干部阅读需求。

五是聚贤增慧。《新时代干部心理能力建设书系》聚焦时代需要，着眼未来发展，凝聚集体智慧。在书稿的撰写当中，全国人大常委、中共中央党校（国家行政学院）原校务委员（副院长）陈立教授，中国管理学界泰斗、复旦大学首席教授，东方管理学派创始人苏东水先生，中国健康管理协会会长郭渝成教授，中国领导科学研究会会长冯秋婷教授，心理测量咨询专家、北京师范大学心理学教授郑日昌先生等领导和学界前辈亲自担任书系顾问，对编写工作悉心指导，热情期待，支持鼓励，为编写工作增加了智慧力量。中央党校厅局级干部培训班的许多学员对编写内容及章节体系也提出了许多宝贵的意见建议，在书系付梓出版之际，谨代表编委会对各位领导前辈、专家学者和朋友们的关心帮助表示衷心感谢！

《新时代干部心理能力建设书系》是集体智慧的结晶。书系的诞生不仅为加强领导心理服务体系建设做出了有益的探索努力，更为开展领导干部心理健康教育提供了十分难得的阅读材料，本套书系既可以为各级党校（行政学院）党政干部教育培训、企业领导人才能力提升以及社会团体开展各类心理健康咨询活动提供培训参考教材，也可以为增进领导干部身心健康提供有价值意义的指导咨询与帮助。

是为序。

胡月星

2020 年 12 月 10 日

目　　录

第一章

人格：你和他为何个性不同

人格是什么？人格具有哪些特征？人格受哪些因素影响？人格与民族文化和疾病相关吗？

在生活中，如果你稍加留意就会发现，有些人天性开朗乐观，活泼外向；而有些人则总是沉默寡言，郁郁寡欢。有些人善于交际，朋友很多；而有些人则孤僻自我，喜欢安静。有些人似乎总能抓住机遇，成就事业；而有些人则谨小慎微，错失良机。有些人交朋友不费吹灰之力；而有些人却总是形单影只，交友困难。有些人喜欢寻求刺激去冒险，如异装飞行和跑酷；而有些人却避免冒险，防止发生意外。是什么造成你和他个性不同？这些差异是否会影响个人未来发展前途？是否会影响个人仕途的升迁？是否会影响婚姻的幸福？这应该是大家都会关心的问题。人格心理学告诉我们，这些差异是因为人格特征的不同。

一、人格概念的缘起

人格（personality）一词来源于拉丁文“person”，本意指脸谱或者是面具。古罗马的一名戏剧演员为了遮掩他异常丑陋的面庞，开始使用面具在舞台上演出。后来面具逐渐演变发展成为演戏时应剧情的需要所画的脸谱，不同的脸谱代表不同角色和身份。很明显，面具指的是外表，是向周围的人显示出来的公众形象。例如：中国国剧有“大花脸”“小花脸”等各种脸谱，表现各种性格和角色。“大花脸”又称大面、净，通常用铅粉涂白整脸。它表示此类人物有别于其他人物，具有其鲜明地人格特征：刚直、勇猛、威武、残暴、愚昧、刚毅。“小花脸”就是丑角，它的个性特征既可以是语言幽默、行为滑稽、心地善良，也有可能是奸诈卑鄙。无论是“文丑”还是“武丑”，常常要表现他们滑稽可笑的人物性格。

脸谱或者面具指意为人格，包含着两层含义：一是指个人在生活舞台上表演出的各种行为，表现于外给人印象的特点或公开的自我。二是指个人蕴藏于内、外部未露的特点，即被遮蔽起来的真实的自我。因此，可以说人格就是中国古代学者所说的“蕴蓄与中，形诸于外”之意。

人格是一个有着诸多歧义的概念。不同的研究者对人格有不同理解，下的定义也视角不同。奥尔伯特（Allport）认为人格是个体内在心理物理系统中的动力组织，它决定一个人对环境独特的适应方式；卡特尔（Cattell）认为人格是对个人在特定情境中的行为的预测；艾森克（Eysenck）认为人格是个体性格、气质、智力和体格的相对稳定而持久的组织，它决定着个人适应环境的独特性；陈仲赓认为人格是个体内在的行为上的倾向性。它表现一个人在不断变化中的全体和综合，是具有动力一致性和连续性的自我，是人在社会化过程中形成的给予个人特色的身心组织；菲尔斯（Phares）认为人格是一个人区别于另一个人并保持恒定的具有特征性的思想、情感和行为的模式。人格定义的多样性，反映了人格内涵的丰富性。

笔者认为，人格是个体在先天生物遗传素质的基础上，通过与后天社会环境的相互作用而形成的相对稳定而独特的心理行为模式，是具有动力一致性和连续性的自我，是个体在社会化过程中形成的极具个人特色的身心组织。

二、人格是个体独特的稳定的心理特征

（一）人格是心理特质的集合，是一个人的心理行为模式

心理特质（psychological traits）是用来描述人们彼此间差异的各种特征。人格是由人的内在心理特征与外部行为方式构成的，是个体内部的心理特质和机制的集合。它们影响个体对心理内部的、物理的和社会环境的适应以及它们的相互作用过程。心理特质的研究对于人类认识自己有重要意义。首先，我们因为拥有特质工具才能准确生动地描绘人，帮助大家理解人与人的差异。其次，特质可以帮助我们解释行为，行为的部分原因是和个体的心理特质密切相关，并非所有行为均源于后天环境所引起。再次，特质可以帮助我们预测未来将要发生的行为。例如：活泼开朗的个性可能更能适应存在较大压力的工作环境；固执型人格更喜欢高强度竞争性工作；安静型人格的人更适合从事检验科工作。最后，特质研究可以帮助我们解释，拥有哪些人格特征的人更能成为成功人士，更易成为领导者？拥有哪些人格特征的人更易导致犯罪心理和行为发生？拥有哪些人格特征，更易出现心理疾病和饱受心理创伤？

（二）人格这种心理行为模式是独特的

任何两个个体都不会具有完全相同的人格，就像世界上没有完全相同的两片树叶一样。每个个体都有具有一些他人所不具有的独特个人特质。俗语“人心不同，各如其面”，就是对

人格独特性的最佳诠释。每个人的人格都是独一无二的，独具魅力的。这种独特性不仅表现在某些个别的心理或行为特征方面，更主要表现在整个行为模式上，从而使每个个体的人格各具特色，人格呈现出丰富多彩状态。心理行为模式的独特性也称为典型性，人格的典型性主要表现在人格特征的核心部分。例如，每部文学作品中都有典型人物，他们的人格特征极具典型性，富有浓郁的人格魅力，吸引读者为之痴迷感动。《水浒传》中的一百单八将，每个人都因其鲜明人格而著称：重义气且有大局观的宋江怒杀阎婆惜；忠诚而鲁莽的“黑旋风”李逵，为母杀四虎；坚毅而果敢的“豹子头”林冲，是京城八十万禁军教头，武艺高强；威猛而冲动的“行者”武松，景阳冈打虎，血溅鸳鸯楼；灵巧而活泼的“浪子”燕青，识时务且弩箭高明；聪明且智慧的“智多星”吴用，智劫生辰纲……每个人物行为独特，形象生动，个性鲜明，令人印象深刻、无法忘怀。需要说明的是，在现实生活中，具有典型核心人格特征的人只占人群中的少数，大多数人性格平平，鲜有特色，缺乏典型性，这是人生的常态。

（三）人格具有普遍性

每个人都有人格，人格具有普遍性。人格不仅确定你成功抑或是失败；也能清晰呈现出你生活满足的边界或者范围；也许还预示了你危机四伏的坎坷人生，抑或是美满幸福的人生旅程。毫不夸张地说，人格是你最重要的财富，人格决定了你的命运，人格将伴随你一生。它帮你塑造了自身的经验，并将在你未来人生中继续发挥重要作用。迄今为止，你所有的成就或者失败，对未来的期望或绝望，是否会成为一名好的医生、优秀的教师、成功的商人、贴心的伴侣、优秀的母亲、出色的政府管理者、受人爱戴的领导，都会与你自己的人格魅力密切相关。人格会限制或者扩大你的交友范围；可能会让你停留在原地，也可能会带你走向诗和远方；人格会让你充满魅力，也会让你毫无吸引力。人格会让你高贵典雅，也会让你平庸俗气；人格会让你高朋满座，也会让你孤独自我；人格会让你采用刚性管理、专制而独裁，也可能让你更喜欢柔性管理、民主而平等；人格会给你带来顺遂好运，也会让你人生跌宕起伏；人格会给你带来巨大财富，也会使你倾家荡产；人格可以让你柔情满怀，充满爱意，也可以让你暴烈，充满戾气；人格还可能带你体验各种经验，但也可能阻止你分享某些经验。可以说每个人都有人格，人格存在于每个个体之中。

（四）人格具有相对的稳定性

人格的相对稳定性主要表现为两个方面：一是人格跨时间的持续性；二是人格跨情景的一致性。这两个方面是密切联系着的。在人生的不同阶段，人格的持续性（continuity of personality）首先表现为“自我”的持久性，这个“自我”将贯穿一生，每个人携带着“自我”持续游走在这个世界之中，那个“自我”成为篆刻在你生命 DNA 里的密码，以各种独有的方式呈现出来，让他人很易识别和认知。每一个“自我”在这个世界上独一无二，且该“自我”相对发生根本性改变的概率不大，这就是人格跨时间的持续性。人格的稳定性还表现在人格跨情景的一致性（consistency of personalit）。此一致性表明某种特定人格一旦定型且植入你的心理世界，它就会在不同情景环境下表现出相似性，呈现出你和他人不同的人格特点。这就是人格跨情景的一致性。例如：一个善于言辞的人，他不仅在家里喜欢与家人沟通交流，在外也会主动阐明自己的观点、表达意见，愿意主动与人建立良好人际关系。人格特征是一个人经常表现出来的稳定的心理和行为特征，那些暂时的偶尔表现出来的行为则不属于人格特征。人格特征的稳定性源于孕育期，它经历出生、婴儿期、童年期、青少年期、成年期以至老年期。随着年龄的增长，儿童时代的人格特征变得愈加巩固。人格的稳定性并不排斥人格的发展变化，人格的稳定性并不意味着人格一成不变，而是指较为持久的一再出现的定型的东西。

人格变化有两种情景：第一，人格特征随着年龄增长，其表现方式有所变化。例如：焦虑特质（anxiety trait）在童年时表现为对上幼儿园的恐惧，每次父母将孩子送到幼儿园门口，孩子会找各种理由要逃离幼儿园，表现出对陌生环境的极度不安；青年时的焦虑特质表现为换了新学校的心神不宁和忧心忡忡、面临考试时的紧张和焦虑、怕和女友分手的不安和忧虑；成年时的焦虑特质表现为新官上任的底气不足，缺乏自信；老年时的焦虑特质则表现为对严重疾病的无奈和绝望，对即将来临的死亡恐惧。这就是说，人格特质以不同行为方式表现出来的内在秉性的持续性具有十分明显的年龄特点。

第二，对个人有决定性影响的环境因素和有机体因素会在一定程度上影响人格特征。例如：突发严重疾病、面临死亡、中年丧子、家庭发生重大变故、亲人离世、婚姻失败、财产重大损失、公司倒闭、锒铛入狱、家中失火、中彩票大奖、职位快速升迁、出国移民，等等。上述因素均属于对个人有重大影响，甚至是决定性影响的环境因素，也包含有机体自身因素。它们会使个体人格发生显著性变化，有些变化可能具有快速颠覆性特征，有些变化则可能以慢速且持久方式呈现。人格心理学家研究还发现一个现象，不同的人遇到同样的情景，人格变化表现也会各不相同。有人会发生人格的重大改变，有些人则表现为轻微的与以往有所不同。

三、人格具有结构性和社会性特征

人格的结构性（structure of personality）是指心理特质和机制并不是个性各种成分的简单随机组合和叠加，人格是明确存在着特定结构特征的。人格的各种成分如能力、需要、情感、气质、认知、意志、动机、态度、价值观、行为习惯等均不是彼此孤立存在的，而是相互密切联系，形成一个有机组织（organic organization）。人的心理和行为的统一性和组织性是由于自我（self）的协调和监控的结果。由于自我的协调和监控作用，个人的心理和行为才能作为一个整体与其外在的生活环境始终保持一致。精神分裂症患者就是人格结构发生变化，人格结构的完整性遭到破坏，无法做到和谐统一。精神分裂症（schizophrenia）是一种常见的精神疾病，是精神内部的人格分裂，统一性的丧失、统觉感的破坏。可以将精神分裂症患者的心理和行为比喻为一支失去了指挥的乐队。得了精神分裂症的患者，其感觉、记忆、思维和习惯等心理机能并没有丧失，但心理各因素之间已经无法整合和统一，彼此是割裂和混乱矛盾的，俗称统觉感丧失。

人格的社会性（sociality of personality）是指社会化把人和动物区分开来，人格既是人所特有的社会化的心理现象，也是社会化的形成结果。社会化（socialization）是个人在与他人交往中掌握社会经验和行为规范，获得自我认同的过程。婴儿具有一种与生俱来的对社会生活的渴求和适应社会生活的潜在能力。如儿童1岁开始学习行走，用眼睛观察世界。2岁开始学习语言，随着年龄的增长，慢慢会学习用概念进行思考，具有将所学的经验用于沟通和传递的能力。如果婴儿出生后，因某种特殊原因社会性接触被剥夺，则婴儿的社会化过程无法顺利完成，婴儿的完整人格也无法形成和建立。印度有位牧师辛格在印度加尔各答的丛林里发现两个被狼哺育的小女孩，辛格给他们分别起了名字。大姑娘叫卡马拉，8岁；小姑娘叫阿玛拉，1岁。当她们被送入孤儿院时，一切生活习惯都具兽性特征，如四肢行走、奔跑速度超快，昼伏夜行，吃生食，通过大声吼叫表达情绪，不会用人类的语言交流。她们害怕白天，习惯在黑夜里行动，她们两人经常像动物一样蜷缩在一起，恐惧地看着人们的活动。卡马拉历经2年才学会了第一个发音，4年才学会6个字，6年才学会直立行走。到了17岁临死时，她的智力水平相当于3岁孩子。这个事例告诉我们：社会剥夺（social deprivation）将会使人丧失人性，无法形成人格。

社会化的内容丰富且复杂多样。爱斯基摩人要学习应对北极严寒的生活方式，布须曼人要学习应对非洲沙漠酷暑的生活方式。社会化与每个人所处的社会制度、社会地位、文化传统、学历水平、家庭结构、个性特征都有密切关系。通过社会化，个人获得了看待事物视角、饮食作息、为人处世、穿衣打扮、知识学习、生活方式、人生观、世界观、价值观、自我认知等全方位的生存状态，同时也形成着独具个人特色的人格特征。可以说人格既是社会化的对象，也是社会化的结果。

四、人格受生物遗传和环境影响

人格的社会性并不排斥人格的自然性，人格受个体生物特性的影响和制约，人格是在个体的遗传生物性基础上形成的。遗传而导致的神经类型、体内的生化物质、反应速度、反应强度、反应灵活性、内外倾等生物特征，均会构成后天人格形成的前提基础。一个人的人格和行为，无论多么复杂都是大脑工作的产物，大脑是人格产生的物质基础和前提条件。

一个小故事很能说明这个问题。在美国佛蒙特州的一个小镇修筑路基时，工头盖奇在施工过程中，不幸被铁杆砸中头部，铁杆从他的左眼下边穿入，从额顶穿出，他受到严重的创伤。人们奇怪地发现，伤愈后的盖奇人格发生了很大变化。受伤之前，他是位开朗、能干又十分和善的人；受伤之后，他变得喜怒无常，极其容易发火，能力也明显下降，甚至粗俗无礼。经常和工友们发生人际冲突，大打出手，大家说原来的盖奇不见了，完全变成了另一个人。这个小故事说明脑部受伤会导致人格和行为的明显改变。

巴甫洛夫学派认为，神经系统的类型特点是人格的生物学基础。人格特征与个体的大脑皮质细胞群配置状态以及细胞层的结构特点有关。这些结构特点不仅影响个体的高级神经活动表现，而且也影响个体的气质、性格和能力的状态呈现。影响高级神经活动主要体现为：神经系统反应的强与弱、神经系统反应的快与慢、神经系统反应的平衡性和灵活性。

人格心理学家艾森克认为外倾性性格和内倾性性格的人，

其神经系统结构和状态是不一样的。神经质的人与正常人神经系统也有一定程度的差异，他发现外倾者大脑皮层的觉醒水平或者激发水平较低，因而比内倾者的抑制速度更慢。

人格的形成除了受生物遗传因素影响，还会受环境因素影响。人格的形成和表现均为人与环境交互作用的结果，这种交互作用体现为个体在其人生的每个发展阶段都影响着环境，同时又都受到环境的影响。其中，家庭环境的影响尤为重要，孩子出生后，最先接受的就是家庭教育，家庭结构的类型（如双亲家庭、单亲家庭、寄养家庭、重新组合家庭）、家庭的氛围、父母的教养方式、家庭子女的多少等都会对儿童人格的形成起着重要的影响作用。

有研究表明：弃儿可能有更多的心理疾病，较可能发生更多攻击性行为，更容易出现叛逆心理，有时会出现性格上难以相处的特点。孩子生活在残缺家庭或者寄养家庭中有可能得不到父爱或者母爱，很可能对人格的早期发展产生许多负面影响。体贴温暖的家庭环境能促进儿童成熟、友好、独立、自主和自控等特征的发展，父母对儿童的教养方式对其人格形成有重要影响。研究发现，有过度保护欲的父母，因为他们的过度溺爱，使得孩子缺乏爱心、耐心和耐挫折力，产生十分明显的焦虑型人格特征。还有一种情况，父母对子女关心不够，他们认为只要孩子没有麻烦，无需在孩子身上投入太多精力，孩子感觉缺少父母的关爱。缺少关爱的孩子易造成缺乏爱心和冷漠的人格特性。除了家庭教育影响之外，学校教育对人格形成和发展也具有深远影响。学校教育中教师是关键，教师是学生的榜样，是人类灵魂的工程师，教师的言行对学生人格形成和发展有潜移默化的作用。教师的学识、品格、责任心和爱心，或会让学生感到敬仰、佩服和温暖。学生因而愿意向教师学习和靠近，愿意成为像教师一样优秀的人。而人格和学识存在问题的教师，学生会有排斥和远离教师的逆反心理，不愿意接受教师的教育，这对学生人格的形成和发展产生负面影响，对其健康成长十分不利。因此学校必须高度重视教师的重要作用。德育使学生形成一定的思想品格，树立正确的世界观、人生观和价值观，有道德是非的分辨能力。智育使学生掌握系统的科学文化知识与技能，促进智力的发展。课堂教育是学校教育的主要环节，在传授知识的过程中，训练学生习惯于有目的、有计划的系统学习之中，培养坚定、顽强的学习性格，掌握科学的学习方法，运用科学的学习工具，完成学校课堂提出的学习任务。体育不仅能够使学生掌握运动技能，还能锻炼意志力和培养顽强拼搏精神。美育使学生掌握审美知识，形成一定审美技能和审美能力，能够区分真、善、美、假、恶，形成审美情操，体验审美情趣，完善审美性格。劳动教育使学生形成正确的劳动态度，不断提高劳动意识，逐步建立良好的劳动习惯，形成高水平的劳动能力，健康正常的学校教育是培养学生人格健康的重要保障。

知觉是指我们利用感官去感知外部环境，并解释环境的状态。当两个个体面对同样的客观环境时，他们所产生的心理感受会有所不同，这种差异就是人格功能的一种表现。例如：初到一个陌生环境，有的人表现出极大的不适应感，有种即刻逃离的冲动；有的人则很快找到应对新环境的方法，以最快的速度适应了环境。

选择描述的是我们如何选择自己的生存环境和自我发展空间。例如：大学毕业后，我们选择出国深造，还是在国内发展？我们选择追求稳定安逸的生活，还是去冒险创业，寻求全新的世界？这种差异体现了人格功能的另一种表现，说明了人格类型的不同。

唤起指的是我们促使他人产生反应的能力强弱。不仅环境影响和改造我们，我们也会反过来影响环境。创造力和影响力是人格功能中唤起功能的有效体现。例如；优秀的教师会激活和影响学生的求知欲望和创造力；对孩子要求高的家长会唤起孩子更多的上进心和求胜心。

操控是指个体对他人行动的影响力和控制力。个体对他人的行为结果有明确和精细化要求，有掌控他人行为水平和行动结果的欲望。例如：一个爱整洁的男友或者丈夫，会对女友或者妻子有整洁的要求，必须坚持每天整理家务，房间要收拾得一尘不染。操控性强的领导会对下属有明确的要求，每项任务都要做到精益求精。操控他人的行为、思想和情感方式，均表现为人格的基本特征。

可以说，知觉、选择、唤起和操控四个环节，是个体与环境交互作用的关键环节，是我们理解个体人格与所处环境之间关系的核心所在。

人格与环境之间交互作用，不仅涉及四个关键环节，而且存在适应问题。人们在与环境交互作用的过程中，会表现出适应或者不适应问题。当一个个体面临陌生环境时，他（她）原有的人格应对模式会对新环境产生反应，表现出应对自如、困难解决、心理成熟与发展，这说明是适应状态；当一个个体面临陌生环境时，其原有的人格模式无法应对自如，则原有人格模式受到损伤或者破坏，问题得不到解决，个体产生心理阴影，出现人格异常、人格障碍，甚至出现心理疾病，这表明是不适应状态。

人格对外部环境的适应分为三个层次：一是物理环境。某些物理环境对人类的生存产生直接威胁。如气候恶劣、环境污染、食物短缺等。人类针对上述环境会寻求解决办法：远离气候恶劣的环境，建造适应自己生存的家园；改造环境，减少污染，在美好环境中生存和发展；食物短缺时大力发展生产力，促进经济发展，丰富人们的食物。2019 年年底中国武汉出现的新型冠状病毒疫情十分严重，中国政府秉承人类命运共同体理念，既对本国人民生命安全和身体健康负责，也对全球公共卫生尽责。采取了强有力的防控措施，疫情得到了有效控制，整个社会没有出现较大面积的心理异常事件。可以说，物理环境会对社会个体的人格形成产生影响。二是社会环境。社会环境也给我们的适应带来挑战，我们期望拥有财富、好工作、舒适的家、甜蜜的爱情，希望社会能够满足我们每个社会成员各种不同层次的需要，包括生理需要、安全需要、归属与爱需要、自尊需要和自我实现的需要，希望实现人的全部价值和人的全面发展。但上述理想状态的满足对每个个体而言，并非那么容易。在人的发展过程中，我们会面临各种困难和挑战，如找不到理想工作、失业且贫困、生活拮据、人际关系紧张、家庭不幸福等。可以说，社会环境也会对个体的人格发展产生明显影响。三是心理环境。心理环境是指在头脑中形成的心理感受和反应，它不像物理环境和社会环境那样客观实在，但对每个人而言，是真实存在的心理现实组成部分。例如：我们对成功和失败的心理反应；我们对幸福和痛苦的心理感受；我们对友谊和破坏人际关系的不同体验。可以说，心理环境同样会对个体人格发展产生不同的影响。

五、人格与文化

文化对于理解人格有举足轻重的作用。不同文化中的不同经验影响着人格发展，人格存在于文化背景之中。卡尔·古斯塔夫·荣格（Carl Gustav jung）说，一切文化都会沉淀为人格，因此，一定意义上说，文化史就是集体人格史。

任何一个国家或者民族，人们的行为和思维方式会有明显的相似性，而国家和民族之间却存在很大差异，这就是所谓的文化差异。心理学家们发展了三种主要的研究取向来探讨和解释不同文化下的人格：原始性唤起文化、继起性传承文化和自我概念性文化。一是原始性唤起文化（evoked culture）。原始性唤起文化被界定为可预期到反应的不同环境所导致的文化差异。研究认为，各民族个体外观上的差异可以理解为最为原始性文化差异；慢慢地由此原始文化差异发展成为各种唤起性文化差异。如择偶方式、合作方式、文化荣誉感体验方式等。唤起文化差异提供了一个理解和解释人格特质的文化差异的模型。二是继起性传承文化（transmitted culture）。继起性传承文化是指存在于个体头脑中，通过交流传递给其他人的观念、价值观、态度和信念。如道德感的文化差异：道德感是人格的核心内容，不同文化背景下的对错观不同，呈现出完全不同的道德感。对马来西亚的某个民族而言，下列行为是不道德且罪孽深重的：打雷时梳头、戏弄一个可怜的动物、从一个烧黑的容器中取水。许多道德感只是某些特定文化的特殊产物，不具有跨文化普遍性，这属于传承性文化的案例证明。这些道德感一代一代传承下来，不是通过基因遗传，而是通过父母教养方式、教育和社会习俗世代相传，被永久地保留下来。继起性传承文化的另一个表现是文化内差异(within - culture variations)。有证据表明，社会阶层会影响人格。社会阶层较低的父母更强调服从权威的重要性，而社会阶层较高的父母则强调自我导向的重要性，不听从于他人。三是自我概念性文化（self-concept-culture)。自我概念是人格的核心成分，自我概念对行为和人格有重要影响。有关文化传承所导致的个体主义和集体主义的文化差异，可以说体现出了个体在自我概念上的差别。在强调个体主义的文化背景下，人们的行为倾向独立于集体之外，个人目标比群体目标更加重要而有价值，个人利益永远高于群体利益。他们依照自己的态度与愿望行事，不太顾及其他人看法，也不会屈服于群体的压力和规范。而在强调集体主义的文化背景下，人们的行为则倾向于谦让、随和和同化，很少过分强调个人的功绩和思想，强调相互依存、相互依赖和整体观。

人格心理学家还认为人格与认知和经验之间存在密切关系。人类创造了自己的文化，又把自己置身于该类型的文化环境中生存。人类文化指全人类传承的所有文化，包含了前面提到的三种文化，它是形成人性的决定力量。一个身体健全的儿童，原本有继承文化财富的可能性，但是，如果出生后由于某种原因，被剥夺了与人类文化环境接触的机会，就不可能形成人的心理、行为及人性。狼孩的事例便充分说明了这一点，前面论述人格形成的社会性特征时已举过此例。这里所说的文化性是社会性的具体体现，是指特定民族文化的影响对人的人格特征影响更具有代表性和现实性。民族文化是一个民族经过世世代代而积累起来的，民族文化陶冶着一个人的民族性。民族性（national character）是指一个民族或者一个国家的国民丰富且独特的民族性格，并且明显异于其他民族或者国民的性格特征。例如，德国人呆板、冷静；法国人热情、浪漫，就是国民性描述。1946 年，孙本文在他的《社会心理学》一书中把中国人的民族性格，归纳为下列四个方面。他的主要观点摘录如下：

第一，尊理性。中华民族最尊重理性，凡事必求其合乎理性。所谓理性，就是是非之心、曲直之心、义利之心、善恶之心以及邪正之心。能依次区别者就是理性的表现。孟子所谓“良知”，就是理性的自觉。现代语所谓“正义感”就是良知，就是理性的感觉。中国人自古以来，最富有理性，最富有“正义感”。中国社会因注重“理性”之故，宁可牺牲“厉害”关系。

第二，主中庸。中国人极重中庸之道。所谓中庸就是不偏不倚、无过不及的意思。《礼纪·中庸》称舜“执其两端，庸其中于民”，最能说明中庸的意义。孟子称“子莫执中，执中为近之”。执中就是执两者之中，是中庸之道。中庸包含“执中”和“适中”两个意思。中庸是中国社会自古及今崇尚的思想行为之准绳。中国人爱好和平，实由于中庸之德的表现。

第三，重自治。中国人向来看重自治。所谓自治，就是自己管束自己的意思。自己管束自己，所以需要克己修身。古人所谓“躬自厚而薄责于人”，所谓“其责己也重以周，其责人也轻以约”，都是表明做人之道，首重自治。由个人克己修身，养成谨慎小心、做事认真、光明磊落的人格。

第四，崇德化。德化就是道德感化的意思。中国社会在思想与行为方面，都注重以道德去感化他人，崇尚道德的积极作用，强调以德为先，立德树人。

六、人格与领导行为

领导是率领、引导和影响人们在一定条件下实现某种目标的行动过程。任何领导活动，都是借助被领导者的有效参与来实现的，领导工作的绩效是通过被领导者活动的绩效而体现出来的，所以领导的实质就是影响力问题。是领导者通过自己的行为影响组织中所有成员，齐心协力实现目标的过程。人格心理学家告诉我们，不同人格特征的领导会采用不同的领导方式和领导手段，产生不同领导风格的领导行为，实现不一样的工作绩效。

一般而言，人格特征相对而言较为强势、自主、竞争性强、能力高、冷漠、宜人性差的领导，往往喜欢采用独裁专制式的领导方式。他们对下属缺乏足够的信任和信心，不喜欢征求他们的意见，所有决定完全由领导做出，下属只需要保质保量，按时完成领导下达的任务就行。

人格特征相对而言较为温和、性格友善、平和、与下属有良好人际关系、宜人性高的领导，往往喜欢采用民主式的领导方式。他们对下属有充分的信任和信心，愿意积极采纳下属意见，注重上下级之间平等沟通，乐于授权，善于授权，鼓励下属参与管理，组织中充满了和谐团结的氛围。

前面我们强调了领导行为与人格之间存在的相关关系，随着研究的不断深化，人们进一步分析了领导行为与人格的复杂关系。研究发现领导人格与领导行为并不是固定不变的，他们提出了著名的领导生命周期理论。该理论认为，成功的领导应依据被领导者的成熟度选择正确的领导风格，领导人格也必须做相应的调整和改变。领导过程是一个动态发展过程，随着被领导者成熟程度的不断提高，领导风格大致要经历四个变化过程；命令式领导——说服式领导——参与式领导——授权式领导。当被领着成熟度较低时，领导者应当采取命令式的管理方式，明确下属需要达到的目标任务要求，实行严格的考核制度。当被领导者有一定的成熟度时，领导者应当采取说服式的管理方式，采取双向沟通，进行明确的工作指导，调动和主动发挥下属的工作热情。当被领导者比较成熟时，领导者应当采取参与式的管理方式。领导者较为信任下属的工作能力，愿意充分发挥他们的主观能动性。当被领导者有很高的成熟度时，领导者应当采取授权式管理方式，领导者可充分赋予下属权力，领导者只起监督作用。该理论不仅考虑了被领导者的成熟度问题，而且阐述了一个重要原理：管理者的人格特征应当随着被领导者的成熟度变化而发生变化，只有这样，才能成为真正优秀的领导者。

七、人格与健康

伴随着社会的不断变化以及人格心理学研究的不断发展，有关人格与健康的话题逐渐受到越来越多的关注。科学技术进步改变了我们的生活方式，延长了人类的寿命，但同时患身心疾病的人却越来越多。全国各城市三甲医院的精神卫生科门庭若市，小到七八岁儿童，大到八十岁老人，都出现了各种精神疾病。可以说，当今社会人们承受的压力越来越大，不确定性因素越来越多，由于身心因素而造成的心理疾病严重威胁着人们的身体健康，因此一门新兴学科应运而生——健康心理学。

国家根据社会发展变化的现实，深刻认识到心理健康对全民的重要意义，开始高度关注国民心理健康问题。国家对于国民心理健康、精神卫生越来越重视，2018 年制定的《全国社会心理服务体系建设试点工作方案》更是有所体现。从 2012 年开始，国家陆续出台了一些有关国民心理健康工作的文件。2012 年 10 月 26 日，全国人民代表大会常务委员会颁布了《中华人民共和国精神卫生法》，提到了提高全民心理健康水平和加强心理健康教育的重要性。2015 年 6 月 18 日，国家卫生计生委、中央综治办、发展改革委等 10 个部门联合制定了《全国精神卫生工作规划（2015—2020 年）》，规划的指导思想明确指出：以健全服务体系为抓手，以加强患者就治管理为重点，以维护社会和谐为导向，完善工作机制，推动精神卫生事业全面发展。并从工作机制、培养合格的从业者、患者治愈率等几个方面对工作目标提出了明确要求，最后提出了策略和保障措施。2016 年 12 月 30 日，国家卫生计生委等 22 个部委联合印发《关于加强心理健康服务的指导意见》，该指导意见充分体现了心理健康服务涉及社会生活的方方面面，具有广泛的社会性和普遍性，是全社会共同的责任。该指导意见是中国第一个关于加强心理健康服务的宏观政策指导性文件，对于提升全社会对心理健康问题的重视具有重要意义。文件提出了两个目标：到 2020 年，全民心理健康意识明显提高；到 2030 年，全民心理健康素养普遍提升。2019 年 6 月 1 日实施的《中华人民共和国公务员法》明确强调，公务员应具有正常履行职责的身体素质和心理能力素质。可以说，关心全民健康就是关心国家前途和民族未来。

人格健康是心理健康的关键。人格与健康这一主题涉及的内容很多，主要想说说焦虑、压力和疾病三个问题。

（一）焦虑与人格

焦虑（anxiety）是个人对即将来临的、可能会造成危险或威胁时所产生的紧张、不安、忧虑、烦恼等不愉快的情绪。焦虑与恐惧密切相关，焦虑是由于对危险的预料或者预感而诱发的。焦虑是对恐惧的恐惧，对担忧的担忧。焦虑是一个复杂心理情绪状态。伴随着一系列的心理、生理和行为反应。如紧张、呼吸困难、全身冒汗、腿抽筋、言语异常、动作协调异常、血压升高、呼吸加快、胸闷气短等。因此焦虑不仅影响健康，而且影响人格形成。

焦虑可分为特质焦虑和状态焦虑两种。特质焦虑（trait anxiety）是一种人格焦虑，反映人们对紧张反应的频率和强度，意思是此人整个人格状态呈现出一种“焦虑色彩”，人格的外衣上总感觉被焦虑所笼罩，整个人呈现出焦虑状态。如工作时存在焦虑、运动时存在焦虑、讲话时存在焦虑、唱歌时存在焦虑、考试时存在焦虑、谈恋爱时存在焦虑、人际交往时存在焦虑、教育孩子时存在焦虑，等等。我们会称此类人为焦虑型人格。另一种焦虑是状态焦虑（state anxiety），是人们在特定情境下所产生的专门焦虑反应状态。不会伴随着个体持续出现焦虑状况，只在特定时间、特定空间和特定场合发生焦虑现象。例如：蹦极时走上跳台，即将往下跳的那一刻，心中既充满焦虑更充满恐惧。蹦极结束，焦虑感和恐惧感消失。有些人看见昆虫会充满焦虑，而看见其他动物却没有感觉。

研究表明，具有特质焦虑，即人格焦虑的人不适合做领导者。因为他们浑身充满了“焦虑细胞”，时刻忧心忡忡，不能以良好的精神状态领导下属完成目标任务。他们的焦虑状态不仅影响自己无法做出理性选择，有效地实行管理，而且会影响下属心态，给他们造成精神压力，影响工作效率和目标实现。心理学家认为，每个人都会出现状态焦虑。如在大庭广众之下作报告、工作遇到困难、参加重要考试、参加竞赛等都会产生焦虑。但不是所有人都存在焦虑型人格特征的。焦虑型人格只存在于少部分人的人格之中。

（二）压力与人格

压力（stress）是和焦虑密切相关的概念。是指在某种特殊情境下，有机体因不适合而产生的全身心反应。压力和焦虑的区别是，焦虑主要指情绪性特征，相对单一，而压力是全身心的不良反应，是综合性反应。压力源（stressor）是指个体认知评估后，认为产生负向情绪的主要来源。

职业压力（occupational stress）是重要的压力来源之一。产生于人与职业间的交互作用之中，其特征是职业活动压力造成人偏离正常状态所产生的各种身心变化。例如：职业选拔过程的艰难性是职业压力之一，因为总是无法找到自己满意的工作而苦恼。职业工作的困难性是职业压力之二，因为总是无法顺利完成上级交给的任务，感觉自己无能。职业环境恶劣性是职业压力之三，因为总是在没有安全感的职业环境中生存，时常感到恐惧和担心。职业竞争非公平性是职业压力之四，因为总是在不公平竞争环境下工作，有种挫败感和无助感。职业评价非公允性是职业压力之五，因为无论怎么努力，工作做得如何出色，都得不到领导和上司的肯定和赞赏。上述各种因素都会构成个体职业压力来源，影响职业成效。

家庭危机和紧张也是压力来源之一。如家庭变故、父母离异、突发严重疾病、火灾、地震、失去亲人、突发家庭经济危机等，这些因素都会构成个体家庭压力的来源。会对所有家庭成员产生巨大影响。

环境压力仍然是个体重要的压力来源之一。如突发的生存环境的改变、天灾人祸、组织的高强度压力等，这些压力会对个体产生巨大的压力和影响，有些个体甚至会逃离原有的生存环境。

不同人格特征的人会对压力产生不同的反应。一般人对压力有较强的抵抗力。虽然屡遭挫折和压力，人们仍然会满怀信心，继续前行。当然另一些人就可能由于人格原因，在困难挫折和压力面前痛哭、崩溃直至缴械投降。压力抵抗力强的人具有共同人格特征：乐观顽强、自我控制、自我弹性。乐观顽强是对抗各种压力，保持身心健康的重要人格特征；自我控制是指通过延迟满足，抑制攻击，做出计划以控制冲动的能力；自我弹性是指以自我调控来最快适应环境的能力。因此，我们要努力培养自己的抗压能力。作为领导者不仅自己要提高抗压能力，还应通过有效手段，帮助下属提高抗压水平，健康快乐的学习、工作和生活。

（三）疾病与人格

人格除了与民族文化密切相关之外，还与身体疾病有密切关系。例如 A 型人格与冠心病之间有相关关系。A 型行为模式是 20 世纪 50 年代末，美国两位临床医生弗里德曼（Friedman）

和罗森曼（Rosenman）提出的概念。他们发现冠心病的传统危险因素，如高脂肪摄入、高血脂、吸烟等并不能完全解释冠心病的发病率。通过临床观察，发现冠心病患者的行为特征与正常健康人有很大差异。即冠心病患者大多有强烈的成就动机、竞争性强、说话元气旺盛、压力感强烈、经常性时间紧迫感、易出现焦虑症状。这些行为特征被称为 A 型行为模式，也叫 A 型人格。

与此相对应的行为模式被称为 B 型行为模式，也叫 B 型人格。主要表现为悠闲自得、成就动机不强烈、喜欢无竞争性工作、无明显的压力感、无时间紧迫感、知足常乐、有耐心能容忍、心态平和、不易出现焦虑。研究表明，拥有 A 型人格的人冠心病发病率是拥有 B 型人格的人的两倍。

C 型行为模式也叫 C 型人格，主要特点是不表现出愤怒，把愤怒藏在心里并加以控制，在行为上表现出与别人过分合作，原谅一些不该原谅的行为，不表现出负面情绪，对别人过分有耐心，易产生抑郁。因此要维护和促进健康，就必须并建立起正确合理的生活方式，建立正确健康的人格和工作模式，避免出现严重疾病。

人们研究还发现，癌症的发生和恶化是能力、性格、社会、生物因素复杂相互作用的结果。除了吸烟、喝酒和其他危险行为外，易患癌症的其他心理社会因素有：抑郁、无助感和失望感、不表达愤怒情绪等诸多方面。

抑郁是一种忧愁、悲伤、颓丧、消沉等多种负面情绪综合而成的负向心理状态。雪克勒（Sheklle）等人用明尼苏达多项人格测验量表筛选了 2020 名抑郁的男性进行追踪调查，17 年后发现，高抑郁者死于癌症的人是正常人的两倍。

无助感和失望感是一种对压力环境的认知障碍，并伴有抑郁的负向情绪状态。一些研究发现无助感和失望感会导致癌症（乳癌、子宫癌），个人控制感可以减轻威胁和抑郁。

不表达愤怒情绪是一种有害的人格特征，不表现出愤怒，把愤怒藏在心里并加以控制，会对身心健康造成严重影响。研究发现，不表达愤怒情绪对乳癌患者是致命性的。心理因素是通过损伤集体的免疫系统而导致癌症的。

在当今时代，领导者人格是一个人精神修养的集中表现。必须做到有良好的政治品格、涵养道德操守、明礼诚信、慎独自重。要有健康良好的人格品质，培养健康的生活情趣，特别是要增强自制力，做到慎独慎微，廉洁自律，不做“两面人”。努力维护和促进自己的身心健康，建立正确、合理的生活方式，做富有意义的且卓有成效的工作。树立健康美好的干部形象，带领大家共同奋斗，实现美好生活的愿望。

第二章

人格研究：大师们说“人格”

中国古典名著《西游记》中的师徒四个人个性鲜明且典型，行为各具特色。唐僧胸怀天下，关怀黎民百姓，不畏艰险西天取经。为人善良、心慈手软，同情心泛滥，对妖精大发慈悲，险些上当受骗。经常误会聪明机灵的孙悟空。可见，唐僧目标明确，极富同情心，大慈大悲，愿意为别人牺牲自己的利益，擅长做老好人，具有强烈的道德责任感。但他过于理想主义，容易轻信别人，无法真正做到识人善任。

孙悟空为求长生不老的方法，“云游天下”“长途跋涉”，历经千难万险。大闹天宫，不愿意遵循天庭已有的天规戒律，狡猾多变。不服从领导，被观音和唐僧用紧箍咒强行管理。后来全心全意保护师傅唐僧西天取经，求得正果。可见，孙悟空不畏强权，坚持己见，精力旺盛，做事目标明确，不惧怕失败和挫折，越战越勇。不过容易骄傲自满，自由散漫，缺乏同情心。

猪八戒具有贪吃、贪睡、好色及怕死的本性。在取经路上，遇到一点挫折，就吵着要分行李散伙，打道回府。经常被妖怪的美色所迷惑，难分敌我。在取经事业中，他对孙悟空还算做到言听计从。猪八戒活泼开朗，是个开心果。但他自由散漫，好吃懒做，遇到困难容易动摇，对事情缺乏深度的理解。

沙僧一直在取经路上默默奉献，不像猪八戒那样刻意争功。他总是在两个师兄去除妖降魔时，默默担负起保护师傅的重任，沙僧做事稳当，诚实可靠，脚踏实地，不急不躁，从不抱怨。乐于奉献，努力成为团队中的有用之人。不过沙僧低调平凡，缺乏主动性，无主见。

生动的性格描述使得师徒四人的形象跃然纸上，成为烙刻在人们心中的经典人物形象。正如世界上没有完全相同的两片树叶一样，世界上也没有个性完全相同的两个人。每个人都是独一无二的。这些行为上的不同展现，其实来源于人的个性不同，也就是人格的差异。人格是特有的心理和行为上的特性，是每个人独有的行为思考方式和表达方式。

下面就来看看人格大师们是怎么分析和研究人格的。

一、弗洛伊德的人格结构“三我”理论

虽然人类从很早就开始思考人格的本质问题，但是直到19世纪末，才出现了第一个被较为认可的精神分析学派人格理论家——弗洛伊德（Sigmund Freud），他提出了著名的人格结构理论：“三我”理论。该理论核心研究潜意识对人心理的影响，他的理论对整个心理学研究产生十分重要的影响。有人甚至说“弗洛伊德的潜意识理论对当代电影、戏剧、小说、政治运动、广告、法庭辩论，甚至宗教都产生了巨大影响”。

精神分析学派的人格理论描述了在文明社会的种种限制下，人们处理性本能和攻击本能的方式。性本能和攻击本能是经常导致个体与社会和现实之间相冲突的驱力。心理中的一部分产生这些冲动，另一部分了解文明社会的各种期望，还有一部分则试图在现实社会的界限内来满足这些冲动，那么，心理为什么会有这些部分，它们又是如何共同起作用进而形成人格的？

（一）何为“三我”

人格理论是理解弗洛伊德理论的重要起点，他把人格分成

了三个部分。它们分别是“本我”“自我”“超我”。这三部分之间密切联系、相互作用，但又常常发生冲突。

1. 本我（id）：心理能量的源泉

弗洛伊德认为人出生时只有一个人格结构：“本我”，即所谓的“原始的我”和“冲动的我”，体现的是人的本能因素。“本我”是人类心理最原始的部分，“本我”是所有驱力和冲动的源泉。“本我”是想把所有的压力释放出来，将紧张维持在最低水平。

“本我”像一个被宠坏的孩子，自私、冲动、追求享乐。“本我”是最原始个人的自私部分，只与满足个人欲望有关，“本我”采取的行为准则是及时快乐原则。即“本我”只关心如何立即满足个人需要，不能延迟，而不受任何物质和社会约束，“本我”需求在婴儿期居主导地位。当一个婴儿看见一个非常吸引人的玩具时，他就想伸手去抢，抢不到会哇哇大哭，没有一点耐心。“本我”完全隐藏在无意识中。弗洛伊德认为“本我”在人的一生中冲动永远存在，但随着年龄的增长，个人阅历的丰富，“本我”便有一定程度的压抑和控制，必须受控于健康成人人格的其他部分。

2. 自我（ego）：人格的执行者

儿童3岁之后，开始出现人格组成的第二个部分：“自我”。“自我”是现实的我、真实的我、环境的我。“自我”是改变压力方向的心理部分，它使“本我”的原始本能变得可以被现实接受，不会出现与他人直接冲突的问题。“自我”是心理的重要组成部分，它限制“本我”以原始状态进入现实。“自我”的主要任务是满足“本我”冲动，但必须以考虑情景现实性的方式进行。由于“本我”原始冲动往往不被社会接受，因而它们会对人们构成威胁。“自我”要做的事情，是把这些冲动控制在无意识当中。与“本我”不同，“自我”可以在意识、潜意识和无意识各部分之间自由移动。“自我”的功能除了限制“本我”冲动之外，还具有缓解紧张作用。

3. 超我（superego）：社会价值和观念的支持者

儿童大约过了6岁之后，人格结构的第三个部分开始出现，这就是“超我”。“超我”是理想的我、道德的我。“超我”负责内化社会价值、道德和观念。“超我”让孩子懂得社会的道德规范，为孩子提供规范具体要求。“超我”是一种安全阀，它希望阀门总是关闭的，利用阀门来控制压力。“超我”是人格的一部分，当我们做了错事，就会感受到罪恶感、羞耻和尴尬。当一个孩子由于教养方式不当，“超我”部分没有很好地成长发展，成年之后可能会出现违反社会规范的行为，甚至出现犯罪性行为。

“本我”“自我”“超我”好像是一个张力三角形，三种力

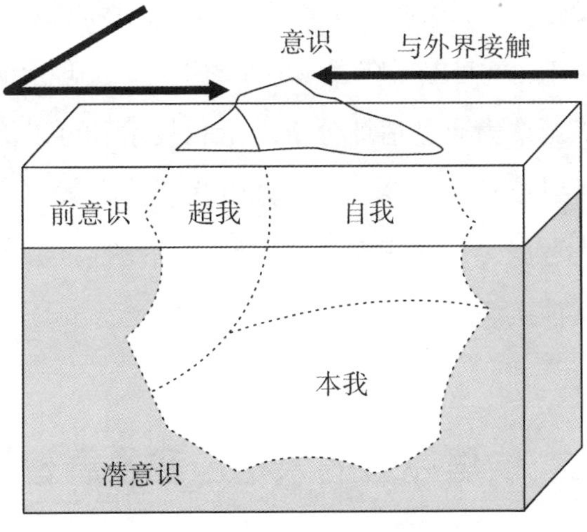

图 2－1　弗洛伊德的人格结构示意图

（资料来源：黄希庭《人格心理学》，浙江教育出版社 2002 年版）

量相互联系、相互对立、相互作用又相互补充。在拥有健康人格的普通人身上，强大的“自我”不允许“本我”和“超我”过分地掌控人格，三者的斗争永不停息。每个人意识之下都永远存在着自我放纵，考虑现实性和强制执行严格道德准则三者之间的紧张状态。(见图 2 - 1)

（二）人格与精神分析

精神分析理论不仅是一种人格理论，也是一种心理治疗方法，也是一门技术，它能帮助那些经历精神创伤，出现心理疾病的人得到治疗和改善。

精神分析的目标是将潜意识层面的内容调动到意识层面。心理疾病、生活中的困扰和不能解释的生理症状都可以被看成是潜意识冲突的结果。有些思维、情感、冲动或者记忆令人感到痛苦不堪，具有威胁性，所以它们被压抑在潜意识之中。但由于人类心理的动力特性，这些受到限制的冲动或者冲突流出了潜意识层面，而试图进入意识层面，并最终通过心理症状或者生理症状方式得以表现，这就是停留在意识层面的生理、心理疾病。

弗洛伊德认为通过精神分析理论和技术，可以治愈精神疾病。通过投射技术、释梦方法、自由联想等方式，将病人的潜意识转化为意识，帮助病人知道问题的创伤性根源所在，从而彻底治愈精神疾病。

二、埃里克森的人格自我发展理论

埃里克森（Erikson）出生于于德国的法兰克福，父母均是丹麦人。埃里克森自小生活在一个富有的犹太家庭。由于童年的生活经历的影响，使得他成年后开始学术研究时，把研究重点一直致力于人格的自我的同一性问题。

埃里克森将人格的发展划分为八个心理社会性阶段（psychosocial stages），他认为人格发展是一个逐渐形成的过程。

人格形成和发展既受生物学遗传影响，也受社会环境影响。人格发展涉及一系列的个人冲突，这些冲突在我们出生时就作为一种先天的倾向存在。当环境需要某种适应时，这些冲突就会在不同阶段凸显出来，每一次与环境的对抗都被称为一次危机。每一个发展阶段都具有特定的危机或转折点，需要我们的人格和行为做出一些改变。这种改变无非就是两种情形：适应或者不适应，适应的结果可以理解为实现了自我的同一性，不适应的结果则表现为自我的同一性遭到破坏。

埃里克森认为健康自我的最重要功能就是维持自我的同一性。自我同一性首先表现为内心完整、不分裂的感觉；其次表现为自我的过去、现在和未来之间的内在一致性和连续性，追求人生是延续的、目标是有意义的感觉；最后还表现为自我的内心理想、价值观的与所在群体的一致性，即归属感问题。埃里克森认为每个人一生的社会化过程就是实现各阶段的自我同一性问题，当代社会同一性混乱是现代心理治疗面临的主要问题。

埃里克森认为，人的发展是按阶段依次进行的。人的生命是一个生命周期，人要经历八个阶段的心理社会演变，这种演变成为心理社会发展（psycho social development）。这些阶段包括四个童年阶段、一个青春期阶段和三个成年阶段。每个阶段有特定需要完成的任务，八个阶段紧密相连。该理论被称为心理社会发展理论。

心理社会发展理论，是生理欲望和作用在个体身上的文化力量的一种结合，它具有渐成说特征。人的发展经历八个阶段，每个阶段有相应的发展危机，当危机得到恰当的解决，就会获得较为完整的同一性。发展危机处理的不成功或者失败，则会出现个人同一性残缺、不连贯的状态。发展危机的解决情况会影响人的一生，也会明显地影响该个体人格的形成、发展及表现。按照人生的发展和危机解决的过程排序，八个阶段相应的人格品质如表2－1所示。

表2－1　埃里克森的人格发展八个阶段及其相应的品质

人格发展阶段	年龄（岁）	品质	
		成功地解决危机	不成功地解决危机
信任对不信任	0～1.5	希望	恐惧
自主性对羞怯与疑虑	1.5～3	意志力	自我怀疑
主动性对愧疚感	3～6	有目的	无价值感
勤奋对自卑	6～12	能力	无能感
同一性对角色混淆	12～18	忠诚	不确定感
亲密对孤独	18～24	爱	乱婚
繁殖对停滞	25～65	关心他人	自私
自我整合对失望	65岁至死亡	智慧	无意义感和失望

（资料来源：黄希庭：《人格心理学》，浙江教育出版社2002年版）

第一阶段（0～1.5岁）：信任对不信任。从出生至1.5岁左右，新生儿开始感知外界，并与外界发生联系。儿童是否得到了周到照顾，他们饥饿时父母能否做到及时喂食，他们的啼哭是否被察觉，他们发生大小便时父母能否及时处理，这是他们人格发展中的第一个关键点。在此阶段，母亲给予照料和婴儿接受照料的相应作用中形成本阶段的发展危机：信任与不信任（trust VS. mistrust）当儿童需要及时得到满足时，则婴儿会产生信任感，他们不会因为母亲的暂时离开而焦虑和哭闹，他们会理解母亲的暂时离开，并不代表失去了爱。说明儿童开始具有了自我同一性（ego identity）的最初感觉。埃里克森认为，自我同一性的最初形成是儿童内心记忆的母亲行为的一致性。

在此阶段，儿童也会产生不信任感。比如孩子尿床没有得到及时处理，孩子不舒服父母没有及时发现，孩子饥饿不能马上进食等。只要信任感多于不信任感，儿童人格便形成了希望的品质（virtue of hope）。这种儿童未来敢于冒险，不怕挫折和失败。而如果此阶段没有成功地解决发展危机，则在人格中形成恐惧（fear）特质。长大后会与人不和、孤僻退缩、拒绝友谊、封闭自我。

第二个阶段（1.5～3 岁）：自主性对羞怯、疑虑。此阶段的发展危机：自主性对羞怯与疑虑（autonomy VS. shame and doubt）这时候儿童学会更有效地与外界发生关系，开始学会主动拿物体，主动扔掉物体，能够运用语言和他人沟通、交流。3 岁时有了自主意识萌芽，有自己的想法并愿意表达。儿童开始进行选择，体验自主意志的力量。尽管儿童仍然依赖于父母，但他们开始将自己视为拥有自主权的个体。此阶段当父母通过强制性训练来拒绝孩子的自由意志时，孩子就可能表现出失落，失去自信心。当孩子举止不当时，父母表现得没有耐心、愤怒或者阻碍儿童的独立性行为，就会导致儿童今后与人相处时，表现出自我怀疑和羞怯感，易对他人充满敌意。如果此阶段允许他们操控他们所遇到的各种东西，儿童就容易进入充满自主性感觉的阶段。有自主感的儿童会自信，凡事愿意自己尝试和冒险，遇事愿意主动自己解决。

第三个阶段（3 ~6 岁）：主动性对愧疚感。在此阶段，儿童的运动能力和心理能力持续发展，儿童能够独立完成更多事情，他们制订计划、订立目标，表现出积极主动参与许多活动的强烈愿望。此阶段的发展危机为主动性对愧疚感（initiative VS. guilt）。

如果此阶段父母鼓励儿童的想象力，积极诱发儿童的主动性和创造力，他们便会逐渐形成创新意识和进取意识，表现出对外部世界的强烈的好奇心和探索感。儿童就会在人格中形成目的性品质（virtue of purpose），若此阶段被父母和幼儿园老师嘲笑和挖苦，对他们的创新性行为给予斥责，则儿童会丧失信心，容易产生愧疚感，会出现人格严重危机，形成无价值感（unworthiness ）。

第四个阶段（6 ~12 岁）：勤奋对自卑。此阶段是儿童开始进行系统学习的重要阶段，此阶段为学校教育的小学阶段。在学习系统课程中，有了更多需要勤奋和竞争因素。孩子们之间有比较，学习成绩会出现明显差异，有成绩的评比。成绩突出者有成功感和自豪感，发奋图强的意识不断增强。相反，成绩差的孩子，会产生无能感和自卑感，对自己的否定倾向明显增强。

此阶段的发展危机是勤奋感对自卑感（industry vs inferiority），勤奋感占优势的孩子，其人格就形成了能力的品质（virtue of competence），若不能成功解决此阶段的发展危机，则在人格中形成无能感（incompetency）或者自卑感（inferiority complex）。优秀教师在这一阶段对儿童影响很大，他们会极大地调动儿童勤奋学习的动机和积极性，采用表扬和鼓励方法，不断促进孩子的学习欲望和学习能力，促使其产生强烈的成功感和自豪感。而不懂得教育规律的教师会对学习成绩差的学生嘲笑和呵斥，甚至看不起，会令孩子产生无能感和极度自卑心理，会对孩子的人生产生十分负面的消极影响。

第五个阶段（12～18岁）：同一性对角色混淆。此阶段为青春期，是人生迅速变化阶段，是具有特殊意义的准成人时期。是人生观、世界观和价值观形成的关键时期。进入青春期的孩子，随着大脑及身体各器官的发育成熟，生活体验加深，不安和好奇心相互交织，心理极不安定，自我意识不断增强，自我显示欲增强，理想与现实矛盾体验深刻，内心容易变得困扰和混乱。青春期的主要任务是构建一种全新的自我同一性，此阶段的发展危机是同一性对角色混淆（identity VS. role confusion）。自我同一性表现为个人与社会的统合、主客观的统合、知情意的统合，等等。随着青年同一性的形成，青年就具备了忠诚的品质（virtue of fidelity）。如果青年在这一阶段不能建立同一性，就会产生角色混乱，在人格中留下不确定感（uncertainty）和自相矛盾感（self-contradiction）。

第六个阶段（18～24岁）：亲密对孤独。此阶段也称为成年早期阶段。只有建立起良好同一性的青年，才能完成好成年早期的任务，进而形成亲密关系。此阶段的发展危机是亲密对孤独（intimacy VS. isolation）只有具有牢固的自我同一性的青年人，才敢冒与他人发生亲密关系的风险。因为与他人发生亲密的关系，就是把自己的同一性与他人的同一性融为一体。年轻人寻求着一种特殊关系以在亲密感和情感方面获得成长。亲密感并非只局限于两性关系，还包括爱与承诺，当自我同一性和他人同一性和谐相融时，自我同一性就不至于被淹没或者丧失，就会形成爱的品质（virtue of love）。在这一阶段不能形成亲密感的人，将面临孤独感（feeling of isolation）。

第七个阶段（25～65 岁）：繁殖对停滞。此阶段，也称为成年中期阶段。这一阶段的男女成人已建立了家庭，他们的兴趣开始扩展到下一代，生儿育女，关怀下一代的健康发展，进入繁殖对停滞的阶段（generativity VS. stagnation）。繁殖具有广泛意义，不仅仅指繁殖下一代，还包括工作和生活的丰富多彩、社交圈的广泛、社会影响力的不断增强等。繁殖感低的人是以“停滞和人际贫乏”为特征的。如果一个人的繁殖感高于停滞感，那么在其人格中就会形成关心的品质（virtue of care），具有这一品质的人，能自觉自愿地关心他人的疾苦和需要，能给他人以温暖和爱。反之则形成自私的品质（selfishness），与外界隔绝，不关心外界和他人。

第八阶段（65 岁至死亡）：自我整合对失望。此阶段，也称为老年期阶段。从 65 岁至死亡，通常把这个年龄段的老年人看成是身心衰老时期，他们丧失了体力和健康，因退休减少了收入，直至丧失配偶，直面死亡。此阶段的发展危机是自我整合与失望（integrity VS. despair）前七个阶段都能够顺利生活的人，是有幸福生活和有贡献的人，他们有完善感和充实感，而不怕死亡。在回首一生的往事时，对人生总感觉是自我整合的，能够怀着平静的心态告别世界，整个人生是智慧的人生（life of wisdom）。相反，若前七个阶段人生诸多坎坷，发生许多困难和变故，则回首一生是失望之感、绝望之感、无助之感，甚至是仇恨之感，整个人生是失望（despair）和绝望的人生（life of meaning lessness）。

埃里克森的人格发展理论拓展了精神分析理论的范围，强调了人格发展中社会和文化影响作用。他把自我发展为中心的人格研究拓展到整个生命周期，突破了其他心理学家以儿童早期人格研究为重点的局限性，将人格研究和发展心理学研究相结合，是对人格理论研究的重大贡献。

三、奥尔波特的人格特质理论

奥尔波特（Gordan Willard Allport）是美国心理学家，人格特质理论的创始人。其一生著作颇丰，其中最重要的两部著作为《人格：心理学的解释》和《人格类型和成长》。

（一）人格及其结构

奥尔波特说：人格是个体内在心理物理系统中的动力组织，它决定一个人独有的行为和思想。人格具有特质性，特质性是指一种神经生理结构对外界刺激产生反应，并主动激发和引导行为，使一个人的行动具有指向性。人格是一种网状的、相互牵连的、重叠的特质结构。一种特质对另一些特质仅是相对独立的，它们之间的区分没有固定的界限。

奥尔波特认为，人格特质分为个人特质（individual trait）和共同特质（common trait）。个人特质是某个特定的个体所具有的那些特质。共同特质是许多个体共有的那些特质，共同特质一定意义上说体现出的是群体文化或者群体性格。例如，游牧民族的热情奔放。

奥尔波特认为，要真正地研究透彻人格心理问题，应当从个人特质入手更为有效。特质是一种潜在的反应倾向，它能使个体对各种不同的刺激以相同的方式进行反应。如焦虑特质使得人们在不同的刺激情景中（如考试、独自走夜路、大庭广众之下讲话等）会表现出功能上的等同反应（出冷汗、心跳加速、情绪不安等）。

特质具有可推测性。特质不被看作一种神经生理结构，它不是具体可见的，不能被直接观察到，但它真实存在于每个个体身上。可以由个体一贯外显行为推知它的存在，并可推测该行为在未来相似情景中仍然会发生。例如：某人一遇到人际冲突时，就会暴躁冲动。

人格特质是独立存在的，且各特质之间又存在关联性。没有两个人拥有完全相同的人格特质，所以个体人格特质具有独特性。特质之间有可能存在着关联性。例如，攻击性特质和敌对性特质是不同的，但两者之间存在着密切的相关性，此两种特质往往会在一个人行为中同时出现。

人格特质包含三种：

第一，首要特质（cardinal trait），指个人生活中具有渗透性占优势的特征。首要特质会影响个体其他的人格特质表现。如奋斗精神、权力欲望、争强好胜、性格外向等。

第二，中心特质（central trait），指渗透性差一点，但仍具有相当概括特征的特质。如聪明、负责任、整洁、有创造性等。

第三，次要特质（secondary trait），指不明显、一致性和概括性较差的人格特质。如习惯、态度和偏好等。

（二）健康成熟的人格标准

奥尔波特认为人格是一种动力组织，它由生物结构和心理结构所组成，成熟的人格有一个形成和发展过程。

健康成熟的人格有六项标准：

第一，具有自我发展能力。人格健康成熟的人会不断发现自我的潜能，具有超越自己的能力，不断发展自我，探索自我创新的能力。

第二，具有与他人顺利交往的能力。人格健康成熟的人能够与他人保持亲密关系，同时又不至于侵犯他人的隐私和权利。不抱怨、指责和讽刺他人，富有同情心，能容忍自己与他人各方面的差异。

第三，具有自我接纳能力和安全感。人格健康成熟的人能接受自己、悦纳自我、有安全感、有高的挫折耐受力。有积极清晰的自我意识，能禁得起挫折和打击。

第四，具有客观真实的现实知觉能力。人格健康成熟的人能真实地看待各种事物，不歪曲事实，能有效地运用知识和技能，解决遇到的所有现实困难问题。

第五，具有自我客观化能力。人格健康成熟的人能客观地了解自己，洞察自己的不足，有幽默感，能有效化解难题，快乐地工作、学习和生活。

第六，具有统一的人生哲学和生存标准。人格健康成熟的人有统一目标和人生规划，能够达成知、情、意的统一，具有协调统一的价值观、世界观和人生观。

四、班杜拉的社会学习论

班杜拉（Albert Bandura）出生于加拿大，毕业于哥伦比亚大学，是现代社会学习理论的奠基人，代表作《社会学习与人格发展》和《攻击：一种社会学习分析》。班杜拉认为社会学习就是个体通过观察、模仿而学到他人行为的过程，行为是个体的主观因素和环境因素交互作用的结果。

（一）交互决定论

交互决定论把相互依存的行为、个人因素和环境因素看作是互相联系、交互作用的决定因素，它们在相互作用过程中彼此之间发生着影响作用。个人的内部因素与行为是交互作用的。例如：人们的期望影响着他们将怎样去行动，而他们的行为结果又改变着他们的期望。环境影响着行为，人们不仅受制于环境，也激发、创造和影响环境。

（二）自我调节

班杜拉认为，人具有自我调节能力，能够为自己确定某种行为的标准，并且以自我奖赏（self - reward）和自我惩罚（self - punishment）的方式来修正自己的行动。这种以个体内在行为标准和期望结果来解释个体有目的的行为的过程称为自我调节。

（三）自我效能

班杜拉认为，人类的行为不仅受行为结果的影响，而且受人的认知形成的对结果的预期的先行因素的影响。自我效能就是指每个人对自己从事某项工作所具备的能力和可能做到的程度，有一个主观评估。认为成功概率高，发生行为的概率大幅度增加。认为失败概率高，则此行为有可能及时终止或者不发生。

班杜拉认为，人格的形成和发展，生物学因素的影响是有限的，也不是像埃里克森所理解的呈阶段性发展态势。他认为人格的发展就是社会因素影响的结果，是模仿学习的结果，是自我效能感作用的结果。人们通过与环境的交互作用、通过自我调节、通过自我效能感的评估，不断产生新思维和新的行为模式。

五、马斯洛的人本主义人格理论

马斯洛（Maslow）是人本主义心理学的创始人。他主张人本主义心理学要重点研究人的经验、价值、欲求、情感、生命意义等重要问题，其目的是促进个人健康发展，提高个人的尊严和价值，以达到自我实现。

（一）人格动力：需求层次理论

在马斯洛看来，人类是由一系列具有生命意义的内在需求所驱动。这种需求使人处于不满足状态，一种需求满足之后，另一种更高层次的需求就会出现。按照从低到高的需求划分，分为五种需求：生理需求、安全需求、归属与爱的需求、自尊需求和自我实现需求。（见图 2－2）

生理需求是维持个体生存和种族发展的一种基本需求。如食物、水分、氧气、休息、衣物和性等原始需求。这些需求在所有需求中占绝对优势，这些需求若得不到满足，人类的生存就成问题。生理需求是人不可或缺的最基本需求，是其他一切

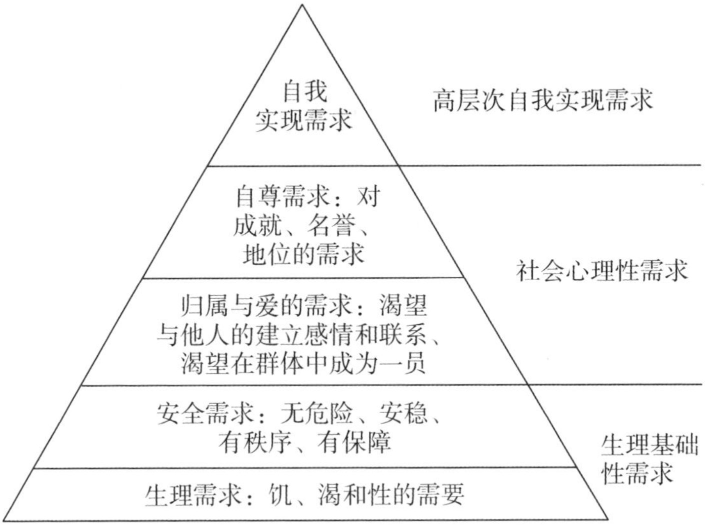

图2－2 马斯洛的需求层次模式图

需求之基础和前提。

安全需求主要是对人身安全、生活稳定、秩序和保障、免遭痛苦和疾病的需求。如果生理需求相对得到满足，就会出现安全需求，安全需求得不到满足，就会产生一种威胁感和恐惧感。

归属与爱的需求主要是对友谊、爱情以及隶属关系的需求。如需求朋友、爱人和孩子，渴望在团体中与同事间有深厚的关系等。如果生理需求和安全需求都得到了满足，归属与爱的需求就会产生。

自尊需求是希望自己有实力、有成就、能胜任、有信心，要求独立和自由。同时渴望有名誉或威信，被社会认可和赞赏。希望有较高的社会地位和晋升机会。这些需求一旦受挫，就会使人产生自卑感、软弱感与无能感。

自我实现需求是促进自己的潜在能力得以实现的趋势。这种趋势是希望自己越来越成为自己期望的人物。例如，成为成功的企业家、出色的政府管理者、赫赫有名的教育家、著名的音乐家、获得金牌的奥运冠军，等等。上述所有的需求满足之后，才会出现自我实现的需求。需求满足具有依次性特征，表明了人格的驱动力特征。

（二）自我实现与生命价值

马斯洛认为，可以把人类的基本需求分为高级需求和低级需求。生理需求和安全需求属于低级需求，是人和动物共有的。其他属于高级需求，自我实现需求是实现生命价值的成长需求。其目的是扩展我们的经验，充实我们的生命。马斯洛认为能够实现自我实现需求目标的人，在人群中只占少数，因为实现自我人生目标的过程会受诸多客观条件和主观条件的限制。

（三）心理健康与治疗

马斯洛认为，健康不仅仅是没有疾病，健康的人应该是具有强烈自我实现愿望的人。他的心理治疗理论与他的需求层次理论以及自我实现理论是密切相关的。他认为，人的五种需求是人的内在本质，其终极目标是自我实现。人的基本需求的满足大多是在人际关系中实现的，因此，心理治疗在很大程度上，是帮助患者建立良好的人际关系，良好、健康的人际关系能够促进个体的潜能发挥和人性的充分发展。

六、大五人格理论

（一）大五人格理论的缘起

20世纪80年代，历经众多人格特质心理学家的不懈努力，出现了一个大家较为众认的人格特质理论：大五人格理论。该理论认为大约有五种特质可以涵盖人格描述的所有方面，大五人格理论受到广泛的欢迎和使用。大五人格理论为人格描述与解释提供了基础的、广泛的框架，被称为人格心理学领域中一场革命。从理论的角度来说，大五人格模型作为当代人格心理学的新型特质论，成为人格心理学最前沿的研究。从实践运用的角度讲，由于容易理解和描述，建立在理论和心理测量学原理上，能够特别地使用在工作场合中。

（二）透视大五人格模型

人与人之间在偏好和行为上有一定的差异性，但又有一定的规律可循。研究这些规律可以帮助我们更好地认识自己，了解他人，从而找出跟不同性格的人在工作和生活中的最佳相处模式。

大五人格模型包含四个人格维度和一个解释变量。四个人格维度：宜人性、尽责性、外向性和进取性。一个解释变量是：情绪性。（见表2－3）

表 2-3　大五人格因素的特征

因素	特征
宜人性	热心—无情；信赖—怀疑；乐于助人—不合作
尽责性	有序—无序；谨慎细心—粗心大意；自律—意志薄弱
外向性	好交际—不好交际；爱娱乐—严肃；感情丰富—含蓄
进取性	富于想象—务实；寻求变化—遵守惯例；自主—顺从
情绪性	烦恼—平静；不安全感—安全感；自怜—自我满意

宜人性是指人际关系的质量，表现为诚恳、开放、热情、大度宽容。一般体现为个体对他人的感受或者对同伴的需求程度。包括同理心、信任、利他，反映个体对合作和人际和谐是否看重。宜人性低的人表现出敌意、自我中心、仇视、冷漠，甚至嫉妒他人。特蕾莎修女（Mother Teresa）和甘地（Mohandas Karamchand Gandhi）等人都是典型的高宜人性人格代表，他们善良温暖，乐于助人，富有同情心，真诚地对待他人，忠诚无私，为了他人甚至愿意付出生命，是人们敬仰、爱戴的人。中央电视台原主持人芮成钢属于典型的低宜人性人格。他极端地以自我为中心，自私自利，太有野心，缺乏同情心和爱心，表现为典型精明的利己主义者。宜人性表现为三个子维度：一是同理心。同理心就是换位思考，用他人的视角看待世界。高同理心的人关爱他人，照顾他人，善解人意。二是信任。高信任的人会选择相信别人的话，容易原谅他人的错误并接受他人的道歉；低信任的人则对他人有更多的怀疑和不信任。三是利他。入选“感动中国·2005 年度人物”的深圳青年丛飞，于 2006 年因胃癌在深圳病逝。在他 37 年人生中，参加了 400 多场义演，慈善捐助长达 11 年，资助了 183 名贫困儿童，累计捐款捐物 300 多万元。

尽责性是指反映个体自我控制的程度。具体评估个体在行为上的条理性、计划性、精确性和责任感。尽责性表现为自律尽责，有计划地做事，精确有序，能够未雨绸缪，有较强的自控能力。不断跟进并推动事务的进展，直到实现目标为止。尽责性低的人相对更愿意追求自由，我行我素，易使人产生散漫感，缺乏纪律性，不靠谱。

尽责性表现为三个维度：一是条理性。高条理性的人稳重自律，以长远的视角看待未来远景，做事具有明确的规划性，具备将近景和远景进行有效结合。二是精确性。高精确性的人更倾向于对资讯进行全面系统分析，会依据客观事实及数据做出准确判断和决策。注重细节和资讯的准确性，善于发现问题的本质，能够发现潜在问题和风险，不允许出现任何错误。三是责任感。高责任感的人做事特别认真，有强烈的责任心，严守个人的行为准则，确保所有任务有序正常地完成。

外向性是指热情、善交际、愿意主动结交朋友，愿意主动参与他人活动。主要表现为对做的各种事物富有兴趣和极度喜欢。外向性高的人活泼开朗，喜欢寻求新事物和新刺激。他们交友广泛，容易和外界打成一片。喜欢受人瞩目，成为人群中的焦点。外向性低的人比较安静害羞、喜欢独处，不太容易和陌生人建立联系，沉默寡言、孤僻自我、专注于自己的事情。

外向性表现为三个维度：一是乐群性。高乐群性的人喜欢与人交往和相处，愿意与他人建立各种联系，希望寻求他人帮助，希望通过团队协作的方式完成任务。二是社交性。高社交性的人会和朋友们发生各种有趣的事情，愿意结交新的朋友，建立密切的人际关系，愿意有明确的归属感与爱的感受，团体组织会对他们有很强的吸引力。低社交性的人则喜欢独居、孤独和安静，较少表露自己的隐私和情感，注重隐私、比较缄默，远离人群，特立独行，反感社交。三是活力。高活力的人精力充沛，有很强的好奇心。喜欢感知外界世界，对外部世界充满了好奇心和兴趣。充满热情，反应迅速，热衷于创新，敢担风险，浑身有使不完的劲。低活力的人内向安静，行动和思想缓慢和呆板，看待事物一成不变，谨慎行动，遇事总是三思而后行。他们喜欢固定的人和事，不喜欢易变和不可预测，冷淡疏远，缺乏动力和激情。

进取性是指有决心、坚持己见、有独立性、有支配欲、竞争性强、有说服力，有支配力，喜欢以目标为导向，做事有强烈的推动力，喜欢固执己见，喜欢与人辩论，比较强势。低进取性的人没有远大的抱负和目标，容易受人支配、不喜欢竞争，受暗示性强，依赖性强，优柔寡断，犹豫不决。进取性表现为三个维度：一是抱负。高抱负的人追求成功，有明确的目标感。为了实现梦想愿意孤注一掷，对成功有特别强烈的向往，目标明确而坚定，会不顾他人的反对，勇往直前。低抱负的人会谨慎从事，小心决策，做事犹豫不决，瞻前顾后，目标具体，信心不足，顾虑太多，不愿意承担因冒险而可能带来的不良后果。二是独立性。高独立性的人倾向于用自己的方式做事，喜欢独立思考，自己做主，独立解决问题，不太愿意听从他人意见，不易受外界环境影响和左右。低独立性的人比较为团队所左右，有时会息事宁人，尽量不发表和他人不同意见。过于依赖他人，容易被人牵着走。三是竞争性。高竞争性的人性格较强，主动强势，喜欢竞争，有说服力，喜欢辩论，直面问题，不畏惧挑战，总是处于战斗姿态，不愿意听取他人意见，喜欢将自己观点强加于他人。低竞争性的人无自己明确的意见，喜欢息事宁人，容易被他人意见所左右。过于迎合和顺从他人意见，态度温和不偏激，容易与他人达成共识。

情绪性是一个解释维度。它描述的是主体对于外部刺激所产生反应的体验，也体现了人们对于外部变化的反馈程度的差异。例如：考上了牛津大学、剑桥大学，情绪体验是特别高兴？还是狂喜？又如：自家汽车被盗，情绪体验是失落？还是愤怒？高情绪性的人易动感情、易兴奋、反应快、容易忧虑和焦虑。遇事反应强烈，害怕事情的发展脱离自己控制的范围，担心自己无法按时完美地完成各种任务，遇到挫折会有十分激烈的反应，情绪失控。遇到他人对自己观点提出质疑和异议，往往会立即做出防御反应，与他人争辩或发生激烈冲突，甚至会丧失理智，发生恶性事件。低情绪性的人稳定、不慌乱、自信冷静、善于应对危机。自信淡定，情绪不会有太大的波动和起伏。遇到挫折，会心平气和地面对和处理，理性且稳重，不会暴跳如雷，丧失理性。

情绪性维度包含了焦虑、忧虑和敏感三个方面。一是焦虑。高焦虑的人遇事和受压易紧张焦虑。总是担心出错或者失败，精神紧绷，如履薄冰，容易失眠，忧心忡忡，易出现精神心理疾病。低焦虑的人顺其自然，随遇而安，泰然处之，坦然面对世界，平和地接受一切可能出现的后果。睡眠质量较好，不易出现精神心理疾病。二是忧虑。高忧虑的人谨小慎微，不盲目乐观。相信成功更多依靠努力而非运气，他们在事情有清晰明确的走向后才下定论，而且会反复确认和检查，以免出现错误和问题。低忧虑的人乐观主动，热爱生活，态度积极，对事物的发展充满自信和乐观，思想前卫，不担心未来。三是敏感。高敏感的人对他人的负面评价和反馈异常敏感，耿耿于怀，努力寻求各种机会改变自己，容易对自己要求过高。低敏感的人对负面反馈毫不在乎，凡事淡定平和。

情绪性这个解释维度会对上述四个人格变量产生影响，它会和每个变量产生各种化学反应，从而产生出各种不同人格的行为表现。同时各人格维度表现会随着情绪发展变化。例如因为情绪的影响，进取性可能表现为急于求成，也可能表现为不思进取。

（三）乔布斯的大五人格

下面我们运用大五人格模型来剖析一下史蒂夫·乔布斯的人格特点。借此来反思自己或分析他人的行为模式，从而达到认知自我、了解他人的目的。史蒂夫·乔布斯（Steve Jobs）是世界著名发明家、企业家、美国苹果公司联合创办人及前行政总裁。乔布斯是一个伟大的人物，有天才的创新意识和敏锐的商业嗅觉，其特立独行、喜怒无常的个性，也已成为他传奇人生的一部分。

乔布斯的人格属性是低宜人性、低尽责性、中等程度的外向型、高进取性和高情绪性。具体描述见表2－4。通过这些性格描述，我们可以看出，乔布斯是一个商界的精英技术领袖，但未必是一个成功的、优秀的企业领导。

表2－4　史蒂夫·乔布斯的大五人格属性描述

人格维度	高低水平	描述
宜人性	低	敏锐的商业嗅觉，专制粗暴，不近人情，不善于与他人合作

（续表）

人格维度	高低水平	描述
尽责性	低	有自由创新思想，一度被自己创立的苹果公司所驱逐
外向性	中等	活力很高，对多个行业领域感兴趣，富有激情；乐群性和社交性低，他身边的很多同事都认为他难以相处
进取性	高	有强烈的个人意见，不肯妥协，拥有改变现实的能力
情绪性	高	喜怒无常，脾气坏

（资料来源：倍智人才研究院：《大五人格心理学》，北京联合出版公司2018年版）

前面我们已阐述了世界上各个流派的人格理论大师们的观点，有弗洛伊德的人格结构“三我”理论、埃里克森的人格自我发展八阶段理论、奥尔波特的人格特质理论、班杜拉的社会学习理论、马斯洛的人本主义人格理论。他们均从不同角度帮助我们理解了人格的概念、本质和特征，了解了人格的结构组成、人格形成受哪些因素的影响，懂得了人格发展各个阶段的冲突和矛盾，清楚了健康人格的标准。为我们深入学习人格理论，分析自我人格特点，克服自己人格结构中的缺陷，努力完善自我人格奠定了良好的基础。通过学习人格理论，我们可以找到优秀领导干部人格的共同特征，为我们以后观察干部、了解干部、选拔干部、培养干部奠定坚实基础。

最后，每个人依据大五人格模型的五大因素，可以为自己绘制一张生动、有趣的人格画像。人群中大体可以总结绘制出17种富有特色的人格画像。他们分别是通才、倡导者、创业者、传统者、开发者、推广者、实效者、理想者、辅导教练、演示者、引导着、建筑师、探索者、支持者、控制者、专家、变色龙。通才在宜人性、尽责性、外向性以及进取性四个维度均属于高分。情绪维度稳定，具有一定的领导潜质。

变色龙在宜人性、尽意性、外向性以及进取性四个维度均属于中等分数区域。情绪维度稳定，行为多变，太过圆滑。此类人不适合做领导者。

理想者在宜人性和进取性两个维度上处于高分，在外向性和尽责笥上处于低分。此为人喜欢我行我素，对未来充满幻想。

读者可以看看自己属于哪一类人格类型？分析一下 17 种人格特征中哪些属于适合做领导干部的人格类型？分析自己的人格特征是否适合做领导干部？若自己已经是领导干部，看看自己的人格特征哪些还需要修正和改进？

第三章

领导人格对于心力的强大支撑

人格是一个人精神修养的集中表现，领导人格具有巨大的人格魅力。领导人格魅力主要表现在哪些方面？领导人格魅力有什么重要作用？领导干部为什么必须修炼人格魅力？提升领导者人格魅力的途径主要有哪些？领导者的情商高低是否会影响领导力？领导人格对于提升心力有重要作用吗？这些问题都值得我们认真思考和研究。

一、领导人格的巨大魅力

领导者的人格魅力是一种客观存在的社会心理现象，对领导者的能力与工作绩效起着重要作用，也是领导者个人威信高低的重要表现。领导者人格魅力的主要作用在于其巨大的吸引力和感召力，也是领导者保持信心的来源之一。随着社会的不断进步，人们对领导者人格魅力的要求越来越高，它是人类政治文明发展的大势所趋。领导者的人格魅力是位于领导者权力影响之外的，能让下属和追随者敬佩、信服的一种自然征服力。是领导者为官立业的根本，是领导工作成败的关键所在。

领导者的人格魅力是领导魅力的重要方面。它虽不是建立在领导者职位权力和综合能力的基础上，但由于是对方在心理认同的基础上对领导者产生崇敬、钦佩和信赖，因而它所起的作用是其他因素无法比拟的。人格魅力一旦形成和塑造起来，就可在领导者工作和实践中产生多方面的巨大的积极作用。每一个领导者都应在培养和完善自己的人格魅力上努力实践、下大功夫。

（一）人格魅力的表现

在新的历史时期，一个具有人格魅力的领导者具有强大的号召力、巨大的凝聚力、潜移默化的感染力、维稳治乱的震慑力、磁石般吸引力。人格魅力主要包含以下四种魅力。

1．品格魅力

美国首任总统乔治·华盛顿（George Washington）认为“品格是领导者魅力之源，服众之本”。品格即领导者道德、品质、人格等综合特征，它反映在领导者的一切言行之中。优秀的品格会给领导者带来巨大的领导魅力，使人产生敬佩感和崇拜感，而且能促进下级去模仿和学习领导者行为。卓越的领导者应当具有如下品格魅力：自制力、公平、睿智、温和、沉着、机敏、宽仁，有同情心，乐于助人，勇敢，宽宏大量，慷慨大方，考虑周全。美国前国务卿基辛格（Kissinger）讲到，领导品格的力量比领导权势的力量更持久、更有效、更能征服人心。高尚的品格会给领导者带来巨大的能量和影响力。著名的西点军校非常注重对有品格的领导者的培养，他们强调一个有品格的领导者必须追求真理，评判是非，在行动中还要表现出勇气和承诺。例如，该校特别强调其中的五种品格：一是勇气。勇气是军人的天职，是领军人物所应有的最优秀品质之一。西点军校从开学第一天起，就对士官生进行严格的“野兽”训练，在恶劣的环境中培养士官生的胆识和勇气。二是决策能力。在情况不明确、不清楚的状态下，保持清醒头脑，做出迅速的决策和决断，是领导者的重要品格。西点军校在领导力教学中，经常组织士官生做战略决策的游戏，并在体能和军事训练中，把提高团队集体决策能力作为主要目标。三是诚信和靠谱。西点军校道德法则要求士官生在4年学习期间学会不说谎，学校建立了严格的奖惩制度。诚信能够换来彼此的信任。在生活中、课堂上、宿舍里、训练场上、交往中，做到不说谎、不欺骗。如坚守考试不作弊原则、借阅图书必须按时归还，否则都将受到十分严重的惩罚。四是坚韧不拔的意志。一个有坚韧品格的领导者，必须做到夏天能够忍受炎热，冬天能够耐得住严冬，能取得胜利，也能面对失败。五是换位思考。换位思考能力能让领导者了解部下困难和苦衷，产生“共情”心理，关爱下属，理解下属，使下属心甘情愿为其服务。

2. 学识魅力

文化知识是力量的源泉和能力的基础，现代社会要求领导者具备广博的知识、深厚的学养，这样才能正确认识客观世界和主观世界，才能明白客观世界的内部联系和因果关系，认识事物发展的本质和规律，预见它的发展趋势，从而在领导过程中，充分尊重客观规律，有效地实现领导过程，完成组织目标。知识的影响力具有巨大的作用，领导者的学识魅力通过专业能力奠定魅力的基础，通过持续的专业魅力不断提升个人魅力的指数，通过领导者自身的持续学习不断增强个人魅力的强度和持久性。

3. 才能魅力

才能指人的工作能力和聪明才智。一般而言，领导者的才能与影响力呈正比关系。才能越大影响力越强，才能越小影响力越小。有才干的领导者，能准确地判断情况，审时度势，抓住需要解决问题的关键，领导下属较好完成任务。下属十分钦佩和崇拜有才能的领导，愿意主动接受领导，并愿意追随领导全心全意投入工作，圆满完成任务，期望得到领导的赏识，希望能够提升职位。

2020 年是我们国家、民族、政府和全体社会公民面临的特殊之年，是一次无法逃避的大考之年。考验的不仅仅是政府、官员，还包括企业和社会，以及每个公民的心力、智慧和韧劲，更是中国在国际舞台上展示国家治理能力和政府管理能力的绝佳机会。2019 年底暴发的新型冠状病毒疫情的严重性超出了人们的预期。此次公共安全危机的处理能力高低体现了政府管理水平高低。

此次疫情发生后，中央政府的反应可谓神速。1 月 25 日，成立中央应对新型冠状病毒感染肺炎疫情工作领导小组，1 月 27 日，国务院总理李克强亲自赴武汉考察指导疫情防控工作，截至 1 月 29 日，中国内地 31 个省、区、市均已启动突发公共卫生事件一级响应。但从湖北省和武汉市政府反应来看，早期也存在着个别领导官员官僚作风和管控不利等诸多问题，官员在发布会期间通篇不敢脱稿，对媒体质询无法做到直面回答。究其原因是他们没有做充分的调研，才能平庸，责任心不强，完全丧失了领导才能魅力。后来政府及时更换能力更强的领导，使得抗击疫情工作顺利开展。

4. 情感魅力

情感是人们在实践活动过程中，对周围的人或事所持态度的心理体验或者内在反映。领导者与被领导者之间总会存在着一定的情感关系。当被领导者热爱和喜欢领导者时，就会缩短两者的心理距离，造成服从和心甘情愿付出努力的动机。相反，当被领导者对领导者产生厌恶或者冷漠的情感时，就会扩大两者之间的心理距离，造成排斥感和厌倦感，导致被领导者不愿意为领导者布置的任务付出努力。

（二）人格魅力的作用

领导者的人格魅力，就是领导者在被领导者心目中的威望和信誉，是使领导者和被领导者之间产生充分信任与服从的一种精神感召力，是被领导者对领导者主动遵从的一种态度和心理倾向，是领导者对被领导者造成的单向的巨大影响力。

1. 感染作用

领导者独特的人格魅力，在领导者的人际交往中会产生一种强大的感染作用，使被领导者“见贤思齐”，从而自觉、主动地按领导意图做事，或者发挥主观能动性，创造性开展工作。领导者通过人格魅力，可以在特定环境下感化下属，而不造成下属的压迫感和被迫感，使下属愉快、高效地完成工作，实现组织目标。

2. 聚合作用

领导者在和下属进行人际交往的过程中，难免会遇到障碍，遇到冲突和矛盾，甚至存在有意破坏人际和谐的人。如果领导者有巨大的人格魅力，成为凝聚团队的“强心剂”“黏合剂”，大家就会在领导者的感召下，排除杂音，缓解冲突，通过认知逐步达成共识，形成团结一致的良好人际关系群体。相反，如果领导者没有巨大的人格魅力，则在他领导过程中，大家无法迅速达成共识，出现各种矛盾，无法产生团队的聚合作用，团队似一盘散沙，冲突重重，极大阻碍了团队目标的实现。

3. 内驱作用

领导者的人格魅力能有效地督促自己、制约自己、反思自己。林肯（Abraham Lincoln）总统曾经说过：“当总统就像被人抬着游街示众一样。”领导者要塑造健康、良好的角色形象，就必须时时刻刻反思自己，不断完善和充实自己，提高自己的领导水平，这样才能始终受到下属的爱戴和追捧，成为真正受人尊敬和崇拜的领导者。

（三）提升领导者人格魅力的途径

领导魅力是一种无以言表的特殊魅力，是一种蕴于内而形于外的特殊品质。领导魅力的大小，直接影响到领导者与被领导者之间的人际关系；直接影响到领导者对被领导者的信服度、影响力和追随程度；直接影响到被领导者是否愿意主动为组织目标付出全身心努力，最终直接影响到工作效率和组织目标的实现。

领导魅力的形成是一个长期的过程，既是领导者自我学习、自我反思、自我完善、自我不断修炼的过程。也是被领导者对领导者不断观察、不断认识、不断考验、逐步达成共识的过程。

1．以德立人

无论是平时的工作还是学习过程中，领导者必须严格要求自己。首先，必须要有坚定正确的政治方向，有崇高的远大理想和人生目标，志向高远，目标明确，注重道德修养，严于律己，宽以待人。不追逐名利，怀律己之心，赢得信任。其次，要加强自我约束，保持清醒头脑，慎言慎行、谨慎用权、反对营私舞弊，拒腐防变。一身正气、两袖清风，甘做人民的公仆，不断增强自身的领导者的人格魅力。最后，要摆正自己的位置。不自以为是，不居高临下，不脱离人民群众，坚持走群众路线，从实际出发，实事求是地开展工作，不忘初心，牢记使命，为新时代中国特色社会主义伟大事业奋斗终生。

2. 见识过人

领导者的影响力既要靠职务权力的影响，更要靠领导者自身的过人胆识和卓越才能。一方面，领导者要有高水平的专业知识储备，有较高的学历，有丰富的人生阅历，注意不断补充和学习新知识，成为能够适应当今社会的“学习型领导”。另一方面，领导者要有敏锐的思维，健康的人格，果断的个性，有解决较为复杂的工作难题的能力，在困难面前，意志坚定，表现出过人的胆识。一个富有见识的领导者，能够清楚分析实际局面，做出最优化方案的选择，有创新意识和开拓精神，有超强的执行力，能够带领团队取得重大的胜利。

3. 以情感人

领导者必须具有良好的情感沟通能力，做到以情感人。不断增强领导者的人格魅力和人际吸引力，工作就能达到事半功倍的效果。感情是人格影响力的基础，是连接领导者与被领导者的纽带。领导者尊重人、理解人、关心人、爱护人，就会使被领导者感到温暖和亲切，就能在思想情感上形成共鸣，从而在处理各种问题上达成共识。也只有通过真情实感，才能在领导者与下属之间建立起相互信任的感情桥梁，人格的魅力才能充分发挥出来。真正的领导能力来自让人钦佩的人格。

领导者要让追随者越来越多，就要提升个人的人格魅力。因此，作为一名领导者，就必须不断加强自身思想品德修养。对谏言者友好接纳、做到明辨是非、公平公道、勤政廉洁，把领导权力和人格魅力有机结合，才能造就一个真正的具有无限魅力的领导者。才能聚合越来越多的追随者，从而组成一个团结向上的团队，提高领导效能，成就一番大事业。

二、健康人格是完美心理的基础

健康人格是良好的道德水平和心理素质的基础，美国加州大学心理学家韦伯克·布莱多恩（Wiebke Bleidom）和同事们经过十多年的研究，总结出健康人格的十大标准。

第一，强烈的感受力。自我感受力强，意味着一个人能认识到自己内心的感觉、情绪。了解对情绪的评估、控制情绪、管理情绪是生活的重要部分，它意味着个体情商的高低。感受力强的人，能够体会工作团队中的各种变化，能够体会到更深层的情绪状态、更微妙的情绪变化。而感受力弱的人，并不了解和认识到情绪的重要性，不能很好地洞察事物变化和发展。

第二，坦诚。坦诚的人为人直率、真诚和正直。反之，不够坦诚的人更喜欢通过奉承、圆滑或者欺骗的手段来操纵别人。他们将这些手段看作是必需的交际手段。

第三，有能力感。能力感是指一个人相信自己有做事能力、感觉敏锐、做事严谨而且高效率。能力感强的人时刻拥有应对生活各种情况的信心；能力感差的人会贬低自己的做事能力，甚至认定自己遇事无法应付，难堪重任，必定失败。

第四，友好。友好指人际交往中的亲切感，友好的人待人热情、和蔼，他们真诚地喜欢别人，容易和别人建立友谊。不友好的人并非对人一定有敌意或者无情，而是言谈举止比别人更刻板、更保守、更冷漠。

第五，心态积极。心态积极的人能够更多地体会到愉快、幸福、兴奋和爱。他们通常笑口常开，开朗乐观。心态消极的人缺乏好奇心，缺少兴趣，更多地感到失望和沮丧。

第六，不怨天尤人。怨天尤人是指一个人有过愤怒、失望和痛苦等消极情绪，从而对他人积怨于心。喜欢怨天尤人的人，容易产生愤怒情绪，于人于己都有害无益。不怨天尤人的人，即使遇到挫折和失败，仍对生活充满信心，仍对他人充满友善，没有愤怒和怨气。

第七，低焦虑。容易焦虑的人遇事畏缩、恐惧、紧张、烦躁、坐立不安、忧心忡忡，成为“无事忙”之人，会对身心健康不利。反之，不易焦虑的人，在每天的生活中都能做到从容不迫，举重若轻，保持良好的状态。

第八，低抑郁。一个人如果郁郁寡欢，会对日常生活造成消极影响。他们很多时候会有一种负罪、忧愁、无望和孤独感。他们稍有挫折就会萎靡不振。稍遇不顺就会垂头丧气。心胸宽广的人不会整天愁眉不展，也不会有那么多抑郁情绪。

第九，较好的抗压力。抗压力弱的人面临生活中的种种负担时，会感觉难以承受。而抗压力强的人相信自己有能力应付各种困难，且对自己的适应力充满信心。

第十，自制力强。冲动的人难以控制欲望。对易冲动人而言，金钱、美食、利益、美色的诱惑力是难以阻挡的。他们放纵之后也可能后悔，但下次仍然有可能重蹈覆辙。反观自制力强的人，他们更容易克制冲动，能够忍受因拒绝诱惑带来的短暂痛苦，延迟享受对他们来说不是一件困难的事情，从而能在将来获得更大的回报。

在对领导干部的心理测试中，人格健康是重要的内容。态度决定行为，性格决定命运，而人格决定前途。它不仅诊断出领导干部当下的心理的健康状况，还可能预测其未来是否有更好的前途，一定程度上能预测未来犯错误的概率和可能性。

三、情商与领导影响力

美国哈佛大学教授丹尼尔·戈尔曼（Daniel Goleman）提出了“情商”概念，他认为情商是一个人重要的生存能力，是一种发掘情感潜能、运用情感能力影响生活各个层面和人生未来的关键因素。准确地下个定义：情商就是人对自己的情感、情绪的控制管理能力和在社会人际关系中的交往调节能力。戈尔曼在其所著的《情感智商》一书中说：“情商高者，能清醒了解并把握自己的情感，敏锐感受并有效反馈他人情绪变化的人，在生活各个层面都占尽优势。情商决定了我们怎样才能充分而又完善的发挥我们所拥有的各种能力，包括我们的天赋。”他将情商概括为五个能力：

第一，认识自身情绪的能力。认识情绪本质是情商的基石，这种随时随地认识感觉的能力，对了解自己非常重要。不了解自身感受的人势必沦为情绪的奴隶，受情绪控制。反之，掌握情绪才能成为生活的主人，面对各种抉择方能妥善处理。

第二，妥善管理情绪的能力。情绪管理必须建立在自我认知的基础上，如何自我安慰、摆脱焦虑、克服心情灰暗或不安，是情绪管理能力的重要表现。情绪管理能力匮乏的人常常与低落的情绪交战。调控自如的人，则能很快走出命运的低潮，重整旗鼓。妥善管理情绪要做到稳操胜券，能够始终自己把握并影响情绪的变化，始终保持理智，避免感情用事。

第三，自我激励的能力。始终保持高度热忱是一切成就的动力。能够自我激励的人做任何事情都具有较高的效率。内心涌动着激情，方能坚持不懈并高效地成就自己的事业，对于领导者而言，善于自我激励并保持高度热忱能够使团队满怀信心地工作。

第四，认知他人情绪的能力。对他人的感知熟视无睹，必然要付出代价。具有同情心的人能从细微的信息觉察他人的需求，进而根据他人的需求行事，就能得到他人的认可和欢迎。在人际交往中，认知他人的情绪并顺应他人的情绪起着至关重要的作用。

第五，人际关系的管理能力。人际关系管理是管理他人情绪的艺术，它要求人能在认知他人情绪的基础上，采取相应的措施，能够调节和平衡与他人的人际关系，使双方之间能够保持持久良好的人际关系。一个人的人缘好坏、领导能力强弱、影响力的大小、人际关系和谐程度都与此项能力密切相关。社会上的成功人士，此项能力往往都较强。

（一）情商高可以游刃有余地影响他人

一个情商高的人能够影响上级、下级和周围的人，具有很强的影响力。通过创造影响力，团结下级，自我成长，向上发展，从而就有了领导力和权力。一个具有高情商的人，他的影响力往往可以得到更好发挥和施展，取得更大的成功。

成功的领导者可以使下属心甘情愿地跟随他。三国时期的刘备就是一个智商、情商都很高的人，他善于笼络人心，三顾茅庐访孔明，人们盛赞其贤德，创造了自己的影响力，从一个卖草鞋的落魄者变成刘皇叔，成为三国的一代霸主。与之相反，枭雄吕布则只有匹夫之勇，因为情商不高，没有真正的追随者，最后被曹操斩首。

（二）高情商与领导力的关系

领导者高情商可以提升组织亲和力。一个人获得领导力的途径很多，通过发展情商是创造领导力的一条有效途径。人是情感动物，小布什（George Walker Bush）总统说：“能调动情绪就能调动他一切。如果你能够调动一个人的情绪，你就能够调动这个人的行为。如果这个行为是追随行为，你就成为领导行为。”依照这个逻辑，可以画出情商与领导力关系图。（见图3－1）

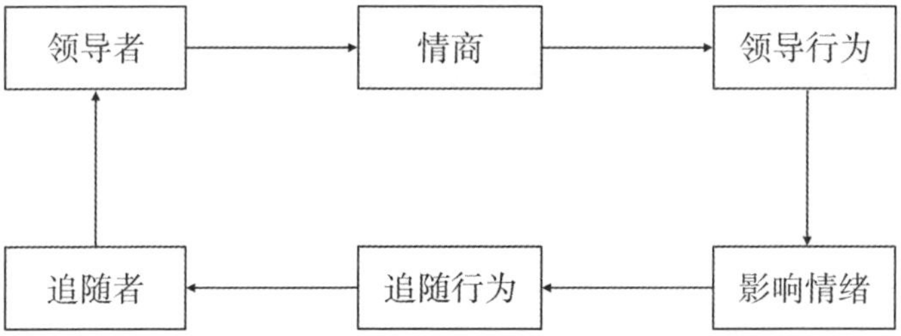

图3－1　情商与领导力缔造模型

（资料来源：吴维库：《情商与影响力》，机械工业出版社2019年版）

从图中可以看出，情商与领导力之间存在着相互影响、相互制约的关系。当你作为一名领导者时，你的情商会对你的领导力产生影响，这个影响主要体现在领导行为上，领导行为会明显影响下属的情绪，会产生喜欢、愿意追随倾向（或者反感、疏离倾向）。追随倾向会导致追随行为的发生，追随行为的发生就代表领导力的体现。这种良性循环会使追随者和领导者之间的关系越来越紧密，领导力作用越来越大，团队凝聚力越来越强。

四、领导人格对于提升心力具有强大的支撑作用

所谓心力是指人的心理、精神、体力的综合状态。领导心力既包括在领导活动中，领导者心理活动的过程与结果；还包括领导者精神、智力与体力交互作用时所产生的作用力。即爆发力的大小、持续性的长短、稳定性的强弱。通常我们说“心力交瘁”“费尽心力”等就是指心理与体力的交互作用度。人格对领导心力提升主要有以下作用：

第一，良好人格可以帮助领导者正确对待权力欲。欲望是一种心理势能，指人想要得到某种东西或想要达到某种目的的要求。在人类历史上，权力促进了人类的变迁与进步，也带来了深重的灾难。权力欲往往把人引向善恶之争、理性与疯狂之争、理想与现实之矛盾、失望与希望之争、利他与利己之争、欢乐与痛苦之并存、仁慈与残忍的冲突漩涡之中。人们为了权力不惜牺牲一切，人性所具有的天然支配欲，以及权力在现实社会的重要作用和价值，决定了人对权力的无限向往和不懈追求。当一个领导的人格处于非健康状态，又对权力充满了极度向往的时候，强烈的权力欲可能会冲昏他的头脑，引发他产生违反道德和法律的可怕行为，会为争夺权力不惜损害他人利益，甚至威胁他人生命安全。权力欲在错误目标驱使下，是可怕的魔鬼。当一个领导具有良好人格状态时，他可能会正确对待权力欲，权力使用合理得当，不会陷入残酷可怕的争夺权力的漩涡中，会对不健康的权力欲有所反思和忏悔，最后会做出

正确的决定。

第二，良好人格可以提高领导者的决策能力。领导者的人格类型、人格状态会对他的领导决策产生明显的影响。从人格类型角度而言，果敢、专制、霸道、有学识、运筹帷幄、反应速度快的领导，决策速度可能要快、效率要高、判断可能更准确些、领导力和竞争力更强。相反，性格软弱、犹豫不决、过于民主、过于平和、专业水准较低、反应较为迟钝的领导，决策速度可能更慢、效率更低、判断不一定准确、领导力和竞争力较差。从人格状态来看，心态乐观、积极进取的领导者，即使他的学识有限，专业水平有限，但他会通过向专家求教、集思广益，虚心听取他人意见，最终选出最佳解决方案。相反，领导者心态消极，精神状态欠佳，冷漠孤僻，萎靡不振，即使拥有优秀的学识和领导能力，也不可能做出有效决策和最佳决策。

所以说，领导人格的优劣会影响领导者能否正确对待权力欲，会对领导决策行为产生明显影响，领导人格对于提升心力具有重要作用。广大领导干部必须高度关注自身的心理健康状况，关注自身的人格发展水平，寻找到自己人格结构中的不足，努力完善自身的人格结构，改善自身人格结构中的缺陷和不足，做一名德才兼备的优秀领导干部。

第四章

健康良好的领导人格结构特征

21 世纪是充满竞争的时代，如何使自己领导的组织力量发挥到极致，如何使自己领导的团队在竞争中获胜，如何使自己领导的团队取得骄人的成绩，这是值得每位领导者深思的问题。领导者具备哪些健康人格结构，才会成为受人爱戴和崇拜的优秀领导?

一、人格是有优劣之分的

一般而言，大体可以从三个层面对人格进行分析：一是人类意识层面，即将个人视为一个整体，假设所有个体是基本相似的。二是个体和群体差异层面，即个体与部分他人的相似性和差异性。三是个人唯一性的层面。上述三个层面使人格呈现出丰富多样性。对普通个人而言，所有人都想了解自己究竟是何样的人格，人格中的缺陷能否克服和改变。对研究者而言，始终想搞清楚人格在各个层面上存在的逻辑和机理，心理学家们总是试图彻底地剖析人类。

人格心理学家们一直运用各种理论范式研究人格的形成和发展，很难达成统一的认识。但有一个观点是能达成共识的，就是人格是有优劣之分的。例如，以幽默为例：过度幽默的人被看成是庸俗地显摆，他们刻意制造幽默，完全不管是否给对方造成的伤害。而那些从未开过玩笑，也不能容忍他人开玩笑的人，则被认为是刻板和严肃。只有恰当方式的玩笑，才会被认为是机智和有趣的。表达幽默和倾听幽默都是机智者、有趣者的重要标志。

这里所谓的人格优劣之分，更准确地说，是人格的适应性问题。当我们的人格特征和行为表现适应所处的社会环境，并且与所处的环境的文化价值观相吻合，则我们的人格特征就是受欢迎的，是优秀的人格表现。相反，不受欢迎的，是不好的人格特征。

二、领导人格特征的一致性

正是因为我们每个人都有各种各样的人格特征，这个世界才会呈现出多样性和差异性。试想一下，若所有人的人格表现基本是相似的，像是一个模子里刻出来的一样，那这个世界就太单调无趣了。人格多样性为世界呈现了丰富多彩性。那人格有无相似性？作为领导有无共同的人格特征？答案是肯定的。大千世界中人格是存在相似性的，领导具有某些共同的人格特征。

领导人格特征的重要条件之一是人格结构的一致性。所谓人格结构的一致性表现为随着年龄的增长，人格的发展、个体人格内在成分保持了一贯性。人格特征倾向的方向、强度并未发生根本性改变。即使外显的行为方式发生了改变，仍然可以理解为人格特征呈现出一致性特征。例如，以支配欲特质为例：假设一个孩子 8 岁时具有支配欲，20 岁时仍然具有支配欲，甚至到了60 岁时依然保持着强烈的支配欲，这就是人格特质一致性。事实上 8 岁、20 岁、60 岁时的支配行为发生了改变，但其根本内在特质——强烈的支配欲，并未发生改变。8 岁时的支配性表现为：游戏中必须要取胜、独占玩具、要求人必须听从他的指挥。20 岁的支配性表现为：大学期间连续四年做学生干部、组织全班同学参加各种竞赛活动、说服他人按照自己意愿行事。60 岁时的支配性表现为：对即将退休的生活感到失落，继续给现任领导出谋划策、左右孩子婚姻和工作。研究发现，成年后作为领导的人，一生中的人格特征均保持了相对的一致性。特别是支配欲一致性程度较高。

莫汉达斯·卡拉姆昌德·甘地 1869 年出生于印度一个中等收入的家庭，他的母亲虔诚地信仰宗教，母亲的举动给甘地留下了深刻印象。小小年纪的甘地就产生了他的人生哲学，放弃追求个人生活需要，而是毕生追求为印度人民解放事业而奋斗。

甘地到了青年时代，从国外学成回国后，他开始领导印度人民反抗英国的殖民统治。当英国人要求必须采集所有印度人指纹时，甘地提出了“消极抵抗”方法，鼓励所有的印度人拒绝指纹采集。1919—1922 年间，甘地领导了广泛的非暴力不合作运动，他要求印度人不要把孩子送到英国，甚至提出要求，让印度人民不要学习英语。

甘地多次被捕入狱，但他坚持不懈为印度人民的解放事业奋斗终生。1947 年，英国迫于国际压力放弃了殖民统治，甘地被释放并获得自由。成年期，甘地成为印度这个历史上人口最多的国家之一的领袖，人们崇拜他、爱戴他。他成功地领导印度完成了从由英国统治向印度人民自治的和平过渡。甘地生活在一个动荡年代，他的生活环境一直在发生变化，命运多舛，跌宕起伏。但他的人格始终保持稳定性和一致性。终其一生，他始终都在践行克己和奋斗。印度人民十分热爱甘地，愿意追随他一生。

三、领导心理弹性的控制性与坚韧性

调查发现，从伊拉克战争和阿富汗战争回来的军人中，有将近20%的人患有创伤后应激障碍和重度抑郁症，个别者甚至回国后自杀身亡，但仍然有80%的人没有表现出任何症状。为什么有些人能够很快从灾难中恢复，而另一些人却相当困难？是什么人格特质保护了这些军人因目睹和深陷战争而产生严重的消极后果呢？这就要归结为心理弹性。有些人具有特定的人格特质、认知、价值观和信念，面对应激时可以保护他们免受伤害。坚韧性高的个体比坚韧性低的个体体验到更少的痛苦。

（一）心理弹性

心理弹性（Resilience）是指适应持续的生活应激源的能力，是从悲伤、灾难、困难中恢复过来的能力。当人们遇到高强度的压力、创伤或灾难时，都会失去心理平衡。研究发现，人类有着惊人的自我心理平衡能力，在遭受创伤后恢复到之前的幸福状态，人们有心理弹性的潜能。当重大压力或者创伤事件发生时，人们会有四种常见反应：陷于困境、幸存且部分心理功能受损、心理弹性恢复、成长。四种反应中最负面的是陷于困境，此类人遇到创伤后，有可能一蹶不振，人生走向下坡路。最佳反应方式是获得成长，此类人通过应对压力和创伤，心理结构得到优化，心理强度得到增加，心理弹性不断加强，人格不断得到成长。

领导干部应当具备良好的心理弹性功能，无论是领导职业生涯的早期，还是已经肩负了重要的领导岗位，工作中承受压力或者遇到不顺利在所难免。我们的心理成长恰恰是在超强工作压力和重大考验中完成的，心理弹性也会随着承受压力的考验而变得越来越强。要学会运用自己的心理弹性，练就良好的抗压心态，真正成为一个出色的领导干部。

（二）心理弹性的控制性

心理弹性的控制性是指人们对高压反应的自我控制能力。具有高控制性的人，一是能够控制结果和强化过程，能够防止人们感到无助、被动，能够尝试改变事件的进程。二是会主动参与身边的社交活动，将压力经历转化为重要的有意义事件。三是能将“危机”转化为“契机”。

领导干部应当具备心理弹性的控制能力。能够具有化腐朽为神奇的能力，能够在事件发生时，尝试去改变事件的进程，将负性事件的影响降到最低程度。

（三）心理弹性的坚韧性

心理弹性的坚韧性是指人们对压力、创伤反应的积极策略性。具有高坚韧性的人，会积极主动改变对负性事件的认知。他们面对高压事件所产生的应对策略均为有效策略。而坚韧性差的人所产生的应对策略有可能是无效策略。如无理取闹、大哭大闹、拼命骂人、使劲摔东西等。

具备良好心理弹性者有六个习惯：一是时刻保持积极情绪，如欢乐、嬉闹、兴趣、好奇、惊奇、流畅、满意、爱等。二是与家人和朋友有亲密关系随时可以依赖人际关系网络，保证幸福感的饱满和充盈。三是努力使自己的人生过得有意义。

有意义人生能够提升生理和心理层面幸福感，有助于增强机体的免疫功能。四是保持乐观主义和心怀希望。保持乐观和心怀希望，能够消除消极情绪和缓解压力，有利于保持身心健康。五是时刻怀有感恩之心。六是心态保持放松。

领导干部应当具备心理弹性的坚韧性。将坏事尽量转化为好事。正确认知负性事件，理性做出正确抉择，帮助被领导者一起尽快走出压力漩涡，顺利完成上级组织交给的任务。人格有弹性的领导干部能够调节自己的行为，对挫折、应激进行恰当反应，尽快恢复到通常状态。

四、领导人格与幸福

在现实生活中，许多人常常觉得工作、生活压力大，会经常被紧张、烦躁、焦虑、郁闷等情绪笼罩，挥之不去，抑郁苦闷，幸福感更是无从谈起。积极心理学致力于研究如何获得幸福，并在世界范围内掀起了一场声势浩大的“幸福革命”。积极心理学倡导人文主义与科学主义的统一，倡导通过心理学的力量指导人们追求幸福生活、获得幸福体验，使心理学的价值取向和研究目标转入促进人类良好发展的轨道上来。幸福既是人类追求的目标，又是人类进化过程中形成的一种心理机制。

领导人格与积极情绪有密切相关，积极情绪虽然不像消极情绪那样会引起明显的生理反应，但积极情绪的重要作用是不容忽视的。

第一，积极情绪促进适应性的应对方式。因为积极情绪能够帮助我们从负性事件中恢复过来，一定程度上阻断了应激体验，给了处于压力状态的个体以恰到好处的心理中断期。也可能是积极情绪重新修复了个体的自我控制能力使其为即将出现的应激做好准备。

第二，积极情绪修复消极情绪的生理危害。积极情绪的存在意义在于消除应激环境下产生的消极情绪对身心的负面影响，防止消极情绪给人带来的生理危害，如心血管疾病、消化道疾病、免疫系统疾病等。特别指出的是积极情绪可以帮助有机体更快地恢复心血管活动机能。

第三，积极情绪增加思维的灵活性。研究者发现积极情绪可以诱发人们的思维活跃性，会加快思维速度和增强灵活性，提高思维效率和有效性，会涌现出更多更好的方案。而消极的情绪则降低人们行动的愿望，并导致思维狭隘、思维阻断、思维僵化。

第四，积极情绪帮助建立持久的社会关系。积极情绪能够强化奖赏性行为的正向作用，导致沟通者彼此之间持续的互动，建立和巩固彼此之间的良好人际关系。而消极情绪则降低彼此沟通和交流的愿望，导致沟通中断和阻碍，无法建立成功的人际关系。例如，抑郁的人经常知觉他人对于自己的拒绝，经常知觉他人的冷漠和恶意，因此厌倦交往。

第五，积极情绪的螺旋式上升。积极情绪对于处理创伤事件或者高压事件有帮助，因为积极情绪可以开拓思维，增加在未来事件中发现意义的可能性，强化情绪中的正能量，因此可能使个体能够感觉良好，应对能力不断增强，幸福感不断强化，对积极情绪起到了不断叠加的作用，呈现出螺旋式上升状态。

研究发现，人格特质与幸福感之间是相关的。乐观的人格特质有助于产生积极情绪，有助于增强人的免疫系统，可以在人感到迷茫的时候提供精神力量的支持，从而维护个体的身心健康。乐观主义者往往具有较高的生活满意度和职业成就感。乐观主义者的生活满意度显著高于悲观主义者，而抑郁水平显著低于悲观主义者。对未来发生的事件，乐观主义者往往倾向于积极的、正向的预测，相信未来有好结果产生，而悲观主义者恰恰相反。

乐观可以明显地预测主观幸福感。乐观能直接或者间接成为调节人们幸福水平的中介。乐观主义者更多采用以问题为中心的策略和情绪调控方法，有助于提升幸福感。乐观是一种稳定的人格特质，乐观能够很好预测个人的未来，能够改善心境，避免精神疾病的出现，提高个体对现实环境的适应能力。

领导干部必须高度重视人格与幸福感之间的关系。始终保持积极心态，拥有积极情绪。在遇到强大工作压力和突发事件时，能够沉着应对，利用积极情绪挖掘出最佳解决方案，快速修复负面情绪带来的对身心的伤害，获得社会支持和家人帮助，带领组织成员，完成重大任务，解决重大难题，取得重大成绩，交上满意答卷。

五、人格动力诱发成就动机与权力动机

由于人格具有动力性特征，因此它是可以诱发个体产生强烈的成就动机和权力动机。动机是唤醒和指导行为朝向特定事物或目标的一种内部状态。动机以需要为前提，成就需要就是指一种想做得更好，获得成功和感到有能力的愿望。同所有的

需要一样，我们认为成就需要在某种环境下会直接诱发成就动机，并导致相应行为的出现。富于挑战性和多样性的刺激引发个体的成就动机行为，同时还伴随着兴奋和惊讶的体验，以及好奇与探索等主观情感状态。高成就需要的个体从完成任务或预期完成任务中获得满足感，他们从富有挑战性的活动过程中得到享受。

（一）成就动机

成就动机（achievement motivation）是人们在完成任务过程中力求获得成功的内部动因。即个体对自己认为重要的、有价值的事情乐意去做，努力达到完美的一种内部推动力量。成就动机是个体的人格特征之一，高成就动机者与低成就动机者之间，行为表现存在差异。高成就动机者的行为表现有三个特性：一是他们倾向于接受那些富有挑战性的工作。因为较高难度的任务，成功完成的概率较低，只要成功就会得到充分的认可。也就是说，高成就动机者趋向于接受较高难度的工作，低成就动机者趋向于接受较容易完成的工作。二是高成就动机者更喜欢那些需要个人承担结果的任务，而不愿意与他分摊责任。或许在他们看来，独立承担责任是对他们能力的最大认可。三是高成就动机者趋向于那些能够得到反馈的工作和任务，无论反馈结果的好与坏。

（二）权力动机

成就感和权力感是两个完全不同的心理体验，成就使人追求卓越或者有良好表现以达到内在和外在的标准。权力动机（power motivation）指人的一种影响他人和支配他人的内在动力。这种动力倾向于或准备着去施加影响和感受自身的强大，它在有权力诱因情景下，会激起和促使行为发生。研究表明：长期处在领袖地位的人，或被提升有很强影响力职位上的人，都有相当强的权力动机，许多有趣的研究是关于权力需要的个体差异问题。例如：研究者发现喜欢与人争论的人、学生时代长期做学生干部的人、处在博弈情景下总是倾向于冒险的人、小团体中的小头目、做事十分果断的人，都有较强的权力需要。研究还发现：高权力需要的男性表现出了更多冲动性和攻击性行为。

领导干部一般而言，均对权力需要有较高的要求。人格动力系统越强，则权力需要越高。因此，要鼓励领导干部们有强的权力需要，职位越高，责任越大，贡献越大。习近平总书记在2019年春季学期中央党校（国家行政学院）中青年干部培训班开班式上强调，“干部要面对大是大非敢于亮剑，面对矛盾敢于迎难而上，面对危机敢于挺身而出，面对失误敢于承担责任，面对歪风邪气敢于坚决斗争，做疾风劲草，当烈火真金”。真正优秀的共产党干部并不避讳权力的来临，敢于当大官，敢于负大责，敢于做大事，全心全意为人民服务，竭尽全力为社会贡献，不为自己谋私利，树立正确的权力观、地位观、利益观，不忘初心，永记使命。

六、人格发展具有自我修复性

前面章节提到的埃里克森人格发展阶段理论，其中核心的思想就是自我认同感问题，埃里克森一生都充满了自我认同感问题。他在回忆自己早期的生活经历时说："这种早期生活预示着一个人将经历严重的自我认同感危机。"埃里克森认为，人的自我意识发展贯穿于人的一生发展之中，他把自我意识的形成和发展划分为八个阶段，这八个阶段的顺序是由遗传决定的，但是每一个阶段能否顺利度过是由环境决定的。所以这个理论也称为"心理社会阶段理论"，每一个阶段都是十分重要和不可忽视的。

人格发展八阶段理论的实践意义，为不同的教育提供了理论依据和教育内容，任何年龄段的教育失误，都会给一个人的终生发展造成障碍，都会给一个人的人格形成带来巨大的缺陷和问题，需要后来的人生阶段得到有效的修复。该理论也告诉我们，我们为什么会变成现在这个样子；我们的心理品质哪些是积极的，哪些是消极的；每个人格特征是在哪个历史阶段形成的。给我们以反思的依据，也是我们修复人格的理论依据。

第一，修复安全感。人格发展的第一个阶段是婴儿期，此阶段形成一种"信任对不信任"的心理冲突。如果不能有效化解心理危机，人格就会形成"不安全感"。有安全感的人会去主动探索，试着当成是自然的事情去做。而无安全感的人总爱控制别人、怀疑别人，从而形成偏执的固着。成人期间要想修复人格的缺陷，需要花特别大的精力和毅力，但正是这种修复，人格才会成长。这是一种使人性再丰富的过程，因为自己的不安全感，才变得格外的敏感和细腻。一旦不安全感得到修复，就会变成具有安全感的内心强大的人。

第二，修复意志力。人格发展的第二个阶段是儿童期，此阶段形成一种"自主性对羞怯与疑虑"的心理冲突。如果不能有效化解心理危机，就不能形成意志力。如果丧失了这种意志力，在成年阶段里，就会变成做任何事情都是“三天打鱼两天晒网”，不可能达成自己的梦想，会成为一个没有意志力和主见的人。必须把形成坚强的意志力作为重要目标，在一些重大的事情上，用各种办法让自己持之以恒，最终实现梦想，取得辉煌成就。

意志力在成人生活中主要表现在边界问题上，一个人有了边界就有自主，有了自主就会划定自己的边界线。边界有很多，如人际边界、情感边界、责任边界、欲望边界、工作分工边界等。当我们没有边界时，会让自己常常陷入各种混乱和沼泽之中。设定自己的边界就要有意志力的介入，只有这样才能做到宽严得当，疏离恰当、张弛有度、进退自如。这种品质就是富有主见的意志力品质。

第三，修复目的力。人格发展的第三个阶段是学龄初期，此阶段形成一种“主动性对愧疚感”的心理冲突。如果不能有效化解心理危机，就无法形成目的力。

如果一个人没有这种目的力，那么在他成人的时候，他总是被各种目标所迷惑，找不到自己真正想要的目标，于是一生无所作为或者始终处在混乱状态，始终目标不明，思路不清。当我们处在人生十字路口时，必须学会勇敢决断地做出符合目的的最佳选择，有目的、合理的选择才是有意义的选择。个性的成熟表现为目的性明确的选择。

第四，修复动能力。人格发展的第四个阶段是学龄前期，此阶段形成一种“勤奋对自卑”的心理冲突。如果不能有效化解心理危机，就无法形成动能量。如果一个人没有了动能量，他所做的事情都要在肯定和赞扬中才能向前推进，那么这个人已经失去了动能力。如果是靠别人关注的程度才能促进自身的发展，那么此类人成年后有可能变成表演型人格、自恋型人格和被动型人格。此类人如果没有外力推动或者得不到外人关注，则自身发展动力骤然减弱甚至消失。如果摆脱了因为外人关注而努力的思想，那这种动能力就是内在迸发的能量，就是持久的动能力，这种动能力就会贯穿一生。

第五，修复同一力。人格发展的第五个阶段是青春期，此阶段形成一种“自我同一性对角色混淆”的心理冲突。如果不能有效化解心理危机，就无法形成同一力。从人格深层次来看，成熟的人是对真实自我悦纳的人，他们会在自我认同和角色混淆中挣扎，学会界定、学会修复、学会适应，学会自我认同、学会自我整合，从而让自己具备适应社会发展的良好能力。

第六，修复爱能力。人格发展的第六个阶段是成年早期，此阶段形成一种“亲密对孤独”的心理冲突。如果不能有效化解心理危机，就不能形成爱的能力，无法对他人产生喜欢或者爱的情感，无法对他人产生深深的依恋，无法与他人形成亲密的关系，会形成孤僻的人格特征，做不到主动去爱别人，也不知自己如何被爱，也无法知道如何去寻找爱和追求爱。

第七，修复创造力。人格发展的第七个阶段是成年期，此阶段形成一种“繁殖对停滞”的矛盾心理冲突。如果不能有效化解此心理危机，就不能形成再生力和创造力，无法丰富生活，无法丰富工作，无法实现创造性人生体验，人生始终处于一种四平八稳，一潭死水的状态，人生轨迹曲线会逐渐下降，人生会出现强烈的停滞感、下滑感和枯萎感，整个人生是灰暗的人生，而不是丰富多彩的人生。

第八，修复自我调整力。人格的第八个阶段是老年期，此阶段形成一种自我整合对失望的心理冲突。由于衰老不可避免，体力、精力和健康越来越差，人们必须有自我调整接受现实的心态，必须心平气和，勇敢面对即将来临的各种困难，必须逐渐接受从人生舞台的主角向配角的转变。如果不能有效化解心理危机，就可能怀着绝望离开这个世界，而不是心满意足地离开这个世界。

从埃里克森理论我们得到启发，要高度重视领导干部的人格培养和教育。每个人成长经历不同，人格各阶段形成过程不同，每个人人格中都存在着不完美的部分。青年干部的政治觉悟、综合素质、品格、能力，关乎组织的发展，国家的兴旺、人民的幸福。他们必须自觉加强理论学习，在千锤百炼中不断修炼自我、完善自我、主动学习、积极进步、自我改造、自我约束。做到心理健康、人格完美、清正廉洁、敬畏自律、勇于担当、敢担风险、善于作为、敏于创新、积极心态、感恩知足。要让我们的领导干部具备八大修复能力：修复安全感、修复意志力、修复目的力、修复动能力、修复同一力、修复爱能力、修复创造力、修复自我调整力，真正做一个充满人格魅力的优秀领导干部。

第五章

领导人格核心：影响力和竞争力

强大的领导力是组织竞争力的核心，领导者必须致力于提高自己的领导力，没有领导力就没有竞争力。竞争的年代呼唤强大的领导力，卓越的领导力带来竞争优势。领导是组织的灵魂，成功的领导者汇集多重角色于一身。必须修炼领导力，扩大影响力，提高竞争力。

一、领导影响力的结构和作用

（一）领导影响力的概念

美国管理学家哈罗德·孔兹（Harold Koontz）说："领导是一种影响力，或叫做对人们施加影响的艺术过程，从而使人们心甘情愿地为实现群体或组织的目标而努力。"所谓影响力是指在社会生活中，一个人建立在自身知识、能力、威望、社会地位和人格魅力基础上的，影响和改变他人的心理、思想和行为的能力。领导者的影响力就是指领导者有效地影响和改变被领导者心理和行为的能力。

现代领导者的影响力按照性质划分，可分为权力性影响力和非权力性影响力。权力性影响力又称为强制性影响力，它是由领导者担任的职务高低、权力的大小、所处的地位自然形成的，影响力的大小不是由领导者自己决定的，与领导者个体之间并非有绝对密切关系，它是外界赋予任职在位者的强行法律权力。表现为外推力而导致的命令式、强制式的影响力。对于下属而言具有不可抗拒性特征，是必须彻底执行的被动式服从和接受。非权力性影响力又称自然性影响力，具有非强制性特征。它是由领导者个人素质和行为造成的，是一种更加持久和更具力量的影响力。其特点是被领导者主动接受的影响力，是领导者使被领导者发自内心、心甘情愿地崇拜领导者和喜欢领导者、佩服领导者的影响力。与权力的大小、职位的高低并无直接关系。

（二）权力性影响力的来源

权力性影响力主要来自个体的领导职位，因而也称为职位权力。职位权力主要有四种形式：奖赏性权力、强制性权力、法定性权力、信息权力。

奖赏性权力（reward power）源于领导者控制资源和奖赏他人的能力。在组织中，领导者拥有许多潜在的奖励资源。如加薪、晋升、有价值的信息、好的工作岗位、赞扬等。值得注意的是，奖赏性权力是否有效，关键要看奖赏是否为被奖赏人所需要。如果领导者提供给被奖赏人的奖励，并非他们需要的，则这些奖赏对他们而言是没有吸引力和意义的。只有被奖赏人认为领导者提供了奖赏，才可以说领导者拥有了真正意义上的奖赏性权力。

强制性权力（ coercive power ）源于人们恐惧惩罚，是领导者可以在多大程度上否定下属，或者执行惩罚以控制下属的权力。如果一个领导者拥有对下属进行惩罚的职权的话，他就拥有了高度的强制性权力。否则，他的强制性权力就较低。如对下属的工作状况通过口头方式或者书面方式表示批评，或者降职和调离岗位，均属于强制性权力的表现。

奖赏性权力和强制性权力是一组相对性概念。前者是带有积极意义的，表示领导者能给他人带来某种积极利益或者积极影响。后者是带有消极意义的，表示领导者能剥夺他人的有价值东西或者给他人造成不良影响。

法定性权力（ legitimate power ）源于领导者所处的位置和所扮演的角色。例如：某政府部门，正处长的法定权力是大于副处长的；县长的法定权力是大于副县长的，这是有等级结构的价值存在的，是有明确的法律依据的。职位的权威包括了奖赏性权力和强制性权力。但是法定性权力比奖赏性权力和强制性权力更为宽泛。包括了一般性职位权力的使用，奖赏性权力和强制性权力是法定性权力的两个极端状态。

信息权力（ information power）源于对组织或群体中的信息的控制和发布。身处某一领导岗位的人一般都会被赋予一定的信息知情权和使用权。这样信息权力就成为正规的等级权威的一种补充形式。如某些重要信息只传到政府正处级以上干部。

（三）非权力型影响力的来源

非权力性影响力来自领导者的知识、学识、品质、个性或者魅力。主要由专家性权力和参考性权力两种。

专家性权力（expert power ）源于领导者的技术知识和专业技能。领导者如果具备了使下属可能获得成功的专业知识和技能，他就拥有专家性权力。例如：一个大学校长若是著名教育专家，人们往往对他提出的教育改革思路和措施会给予更多的认可，因为该校长属于懂教育的专家学者，他拥有了专家性权力。组织中的领导者必须经常依靠拥有专家性权力的人为他的管理服务，随着组织专业化和技术化程度越来越高，拥有专家性权力的人对提升领导管理水平有更加重要的作用。

参照性权力（ referent power ）是指一种掌控他人行为的能

力，因为人们希望得到专家的认可。它是以下属喜爱和崇拜为基础的，从某种意义上说，这也是一种超凡的魅力。例如：你对一个人到了顶礼膜拜的程度，那么这个人对你而言，就拥有了参照性权力。你会以他为榜样、崇拜他、模仿他的所作所为，他对你而言，具有极大的影响力和感召力。当一个领导者拥有下属喜欢、崇拜的人越多，他拥有的参照性权力越大。

（四）权力性影响力与非权力性影响力的辩证关系

权力性影响力与非权力性影响力之间存在着不可分割的辩证关系。首先，两者密切相关，权力性影响力是前提要素，非权力性影响力是必要的补充。领导者必须通过拥有的法定权力实施管理，运用科学领导和管理方法指挥下属，完成组织任务，达成组织目标，实现领导功能。但有时权力性影响力是有限的，当领导者的领导方法不适合被管理者时，则领导的有限性大打折扣，此时非权力性影响力将发挥重要作用，此时人们因为喜欢领导者，会给他更多时间去探索最佳管理方式，允许他犯更多的错误，直至寻找到最佳的领导方式。

其次，权力性影响力与非权力性影响力的辩证关系还表现在权力性影响力随着领导者职位的变动而发生变化，呈现出动态性特征。例如：一个高校宣传部部长升任校党委副书记，主管宣传和学生工作，那他的权力性影响力会发生比较大的变化。显然领导范围扩大了，权力层次更高了，因此权力性影响力主要是和职位高低和职位性质密切相关。而非权力性影响力相对变化不大，是较为稳定的状态，是稳定性与动态性的有效结合。例如，中国工程院院士级别的专家是国家稀缺的高级人才，不会因为他们退休了，而减少发挥他们作用的可能性。

综上所述，领导者在自己领导岗位上，要正确处理好权力性影响力和非权力性影响力的辩证关系。充分发挥权力性领导力的重要作用，更好地使用权力性影响力为人民谋福利，创造更美好的生活。同时通过呈现非权力性影响力，凝聚人心，增强团队工作效率，帮助强化和规范权力性影响力的积极作用。两者共同作用，这样才能在领导实践中发挥最佳的领导效能，实现组织目标。

（五）领导者影响力的正面效应

领导影响力构成之间的辩证关系，是人们在领导实践中对领导者与被领导者关系不断深化认识的结果，并且通过领导实践活动使领导影响力的效果得到展现。领导者的影响力对领导效能的影响是巨大的。领导者影响力的正能量发挥，大到可以影响一个国家的执政模式和一个国家政策的制定执行，小到可以影响所领导下的团队的凝聚力。影响力的大小决定着一个团队是团结战斗群体，还是一盘散沙的群体。

2018 年 5 月 4 日，习近平总书记在纪念马克思诞辰 200 周年大会上的讲话中指出："在新时代，中国共产党人把以马克思主义基本原理同新时代中国具体实际结合起来，团结带领人民进行伟大斗争、建设伟大工程、推进伟大事业、实现伟大梦想，推动党和国家事业取得全方位、开创性历史成就，发生深层次、根本性历史变革，中华民族迎来了从富起来到强起来的伟大飞跃。这一伟大飞跃以铁一般的事实证明，只有坚持和发展中国特色社会主义才能实现中华民族伟大复兴"。

中国共产党是一个拥有 9000 多万党员的超大型政治组织，是全国 14 亿人民的领导组织。它的影响力将会对中国整个社会发展产生十分明显地影响。回顾中国社会的发展历程，无论是革命阶段、建设阶段、还是改革时期，各个阶段都取得无比辉煌的成就，这些成就足以证明中国共产党具有强大的领导力和突出的领导优势，创造了当今世界令人瞩目的社会发展奇迹。更把这个政党和一个国家的梦想、一个民族的向往、亿万人民的期盼紧紧融合在一起，书写了人类历史上激动人心的发展篇章。中国共产党作为领导者必将以更加强大的领导力、号召力、凝聚力和战斗力，永立潮头，接续奋斗，不断领导中国人民从胜利走向更大的胜利。

（六）领导者影响力的负面效应

领导者影响力不仅有正面效应，有时也会产生负面效应。例如，有些领导者不学无术，自以为是，独断独行，任意做出决策，导致决策失误，造成重大经济损失；还有个别领导者忘记了共产党人的初心和本色，利用职权，贪污腐化堕落，走上犯罪道路，在群众中造成十分恶劣的影响。

二、领导竞争力的构成要素和作用

（一）领导竞争力概念

竞争力是指参与者双方或多方的一种角逐、比较而体现出来的综合能力。领导者竞争力就是领导者率领团队进行比较竞争的综合能力。此概念是因发生比较而产生的一个相对概念，目的是考量领导者组织团队在竞争中的对抗实力。要想一个团队在激烈竞争中立于不败之地，就必须学会竞争，在竞争中成长，在竞争中进步，在竞争中胜利。

（二）领导竞争力特点

现代领导竞争力具有如下特点：

第一，适应性。领导竞争力要适应现实生产力的发展与要求，否则会被社会淘汰。当今世界发展迅速，信息网络化迅速崛起，有力地推动了社会生产力的进步，随之而来的国际竞争日趋激烈。领导竞争力必须适应这种变化趋势，充分开发和挖掘领导竞争力的领导竞争资本，优化领导竞争力要素的重组和配置，推进领导竞争力的提高和利用，不断发展优势领导竞争力。

第二，持久性。领导竞争力的挖掘和提高具有持久性特征。领导必须有足够的信心和耐心，保持持久性的领导竞争力。看清社会变化现实，迅速适应社会变化，以最优方案应对遇到的困难和变化。战胜竞争对手，取得竞争持续性胜利。

第三，残酷性。领导竞争力的较量并非一帆风顺的，有时甚至是十分残酷的。竞争结果既有可能成功，也有可能失败。领导者对即将来临的高强度竞争应做充分的准备，争取取得成功；若遇到失败，也要学会耐心接受。

（三）领导竞争力的构成要素

现代领导竞争力是一个复杂而庞大的系统。既有不同领域的领导竞争力，也有不同层次的领导竞争力。从现代领导竞争力构成要素看，领导竞争力主要包含下列内容：

第一，领导智力竞争力。领导人才是领导竞争力的首要因素，而领导人才的智力水平很大程度上影响领导决策和领导结果。智力包括感觉、知觉水平、思维逻辑性、思维缜密性、思维的创新性等各个方面，它体现了领导者的智力水平高低，在很大程度上影响决策水平。领导者要与时俱进，不断学习新知识，获得新技能，提高管理水平，增强领导智力竞争力。

第二，领导知识竞争力。领导者不仅要提高思维水平，锻炼智力能力，还必须及时丰富和补充相关专业知识体系，做一个专家性领导者，做一个内行领导者。领导知识是领导竞争力的重要组成部分，要求领导者主动继续深造、主动学习、完善自我。跟上时代的步伐，不断丰富专业知识和管理知识，做一名让人信服、值得敬佩的优秀领导者。

第三，领导技术。现代领导技术是领导竞争力的重要方面，也是衡量领导竞争力大小的重要标志之一。运用最新的科学技术手段推动领导行为的科学化，已成为当今时代的特点。现代领导技术作为领导竞争力的影响因素，具有越来越重要的作用。例如，信息网络技术的广泛普及和运用，促进了领导力的电脑化、信息化和高度自动化，工具革命全面延伸着领导活动，扩宽了领导工具和领导手段，增强了领导管理方式的丰富性和多样性，提高了领导管理效率。

第四，领导能力。现代领导竞争力的核心是领导能力，现代管理对领导者的能力有诸多要求，对领导者的综合素质有较高的期望。最重要的领导能力主要包括：预测能力、创新能力、决策能力、组织管理能力。预测就是对未来状况做出估计，对未来状况估计的愈准确、愈全面，做出的决策也就愈正确。例如，一个企业家要想使自己的企业稳定地发展，必须对市场的变化和发展趋势，对产品的寿命消长趋势有比较长远的预测。否则，企业就会陷入茫然的状态之中。领导者必须具有预测能力，应当能够把握局势，预测变化趋势，高瞻远瞩，对于所预测事物的未来发展做出正确的判断。创新能力是技术和各种实践活动领域中不断提供具有经济价值、社会价值、生态价值的新思想、新理论、新方法和新发明的能力。以现有的思维模式提出有别于常规或者常人思路的见解为导向，利用现有的知识和物质，在特定的环境中，本着理想化需要或为满足社会需求，而改进或创造新的事物，并能获得一定有益效果的行为。决策能力是指根据既定目标认识现状，预测未来，决定最优行动方案的能力，是管理者的素质、知识结构、对困难的承受力、思维方式、判断能力和创新精神等在决策方面的综合表现。组织管理就是通过建立组织结构，规定职位或职务，明确责权关系，以使组织中的成员互相协作配合、共同劳动，有效实现组织目标的过程。组织管理能力是指为了有效地实现目标，灵活地运用各种方法，把各种力量合理地组织和有效地协调起来的能力。

（四）领导竞争力的作用

第一，激励作用。在领导竞争活动中，领导竞争力处于中心位置和核心地位。领导竞争力对竞争活动起着激励作用，它以自身的中心位置和核心地位，对领导竞争活动取胜起着引导、鼓舞和激励作用。它以自身的价值理念起着导向功能和标杆作用，促使领导干部见贤思齐，勇于竞争和挑战，善于胜利。

第二，提高自身素质和能力。由于领导者有效地提出竞争要求，对自身有了更高的要求，不断自觉地提高自身素质和能力，自觉履行社会责任和法律责任，为下属提供良好的学习榜样，起模范带头作用，增强竞争意识，提高竞争水平，加强竞争能力。

第三，战胜对手，共同发展。领导竞争力在与对手竞争过程中起重要作用。他们凭着自身的知识，胆略、能力、素质和优势，在领导竞争过程中，通过力量对比、智力较量，领导资本运营和发挥，在正当竞争中战胜对方。同时做到既竞争又合作，在竞争中促进合作，在合作中不断进步，实现双赢局面。

三、领导影响力模型

随着知识经济时代的到来，以往主要以刚性控制和强制命令为手段的领导方式日渐暴露出不适应性，领导的对象都在发生着改变，于是更多领导方式便应运而生。著名领导学研究专家加里·尤克尔（Gary Yukl）撰写了《柔性领导》一书，提出了著名的柔性领导理论。他认为："柔性领导者需要在相互竞争的各种需要中寻求平衡，在纵横交错的管理层和子系统之间寻求协调一致，因此，柔性领导行为的关键是对持续变化的环境做出反应。"柔性领导的核心就是影响力。曼弗雷德（Manfred）等人将影响力的构成因素归结为价值观、人际关系、组织结构、权力、精力和行为六个方面。乔斯沃尔德（Tjosrold）研究发现：合作型领导主要依靠合作来体现影响力，当他们的下属对其影响力持开放态度时，他们的合作影响力将得到支持并且能有效地发挥作用。

现代组织中，越来越多的人通过与下属追求共同目标和进行愿景合作来对下属施加影响，这意味着组织领导会越来越多使用非权力性影响力。严格地说，柔性领导的影响力更多是一种个人权力，而不是职权。影响力本身是无形的和潜移默化的，但他会随领导者控制下属思想和行为的程度而发生变化。从本质说，影响力是一种选择，领导力影响力涉及的范围越广，影响程度越深，领导选择权的灵活性就越大。

按照曼弗雷德等人的影响力构成要素理论，具有影响力的人际关系属于重要的社会资本。领导者与被领导者之间的双向信任，是产生领导影响力的前提条件。柔性领导影响力的不断积累过程恰恰证明了柔性领导社会资本的增值过程。我们通过图5－1、图5－2可以更清楚地看出领导行为与影响力价值的关系。

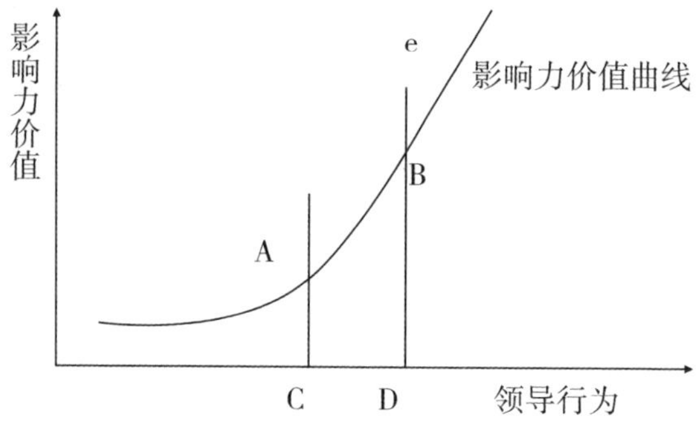

图5－1　领导影响力价值图

（资料来源：许一：《基于影响力的柔性领导模型》，《外国经济与管理》2007年第11期）

如果柔性领导行为与组织目标相一致，并能对组织持续施加正面积极影响，且组织领导和被领导者保持稳定关系。通过图5－1可以判断出柔性领导行为、影响力和影响力价值关系。图中曲线e表示由柔性领导行为的积累形成的柔性领导影响力

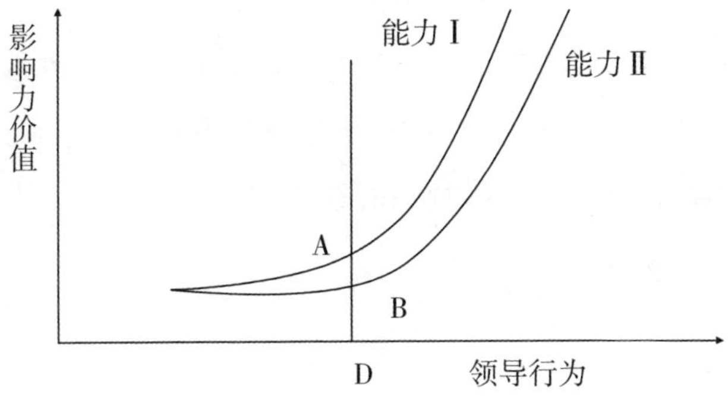

图5－2　柔性领导能力与柔性领导影响力价值之间的关系图

（资料来源：许一：《基于影响力的柔性领导模型》，《外国经济与管理》2007年第11期）

价值曲线呈上升趋势。其在C点时影响力价值不大，D点时影响力价值明显上升。可以看出A点是柔性领导价值曲线的拐点，之后一直呈大幅度上升趋势。可以猜测一下，由于某领导或者领导群体在A点领导行为大受赞赏，使其之后的领导价值迅速提高。

为了进一步说明领导影响力的价值关系。我们进一步分析领导影响力与领导者能力之间的关系。图5－2中的能力Ⅰ和能力Ⅱ分别代表两位领导者。从图中可以看出，能力Ⅰ领导者由于其能力较强，所以其领导影响力价值高于能力Ⅱ。我们认为柔性领导能力的大小决定柔性领导的影响力价值大小。二者成正比关系。提升柔性领导是实现和提升影响力价值的前提。

关于影响力研究是领导管理科学研究的重点之一，柔性领导理论在知识经济时代重新诠释了影响力问题，发展了领导影响力理论。人们似乎更愿意相信，真正的领导应当是促使人们心甘情愿地追随领导者为实现群体目标而努力的过程。我们认为每一种领导理论都会去研究领导者如何发挥影响力，促使组织发展和进步。柔性领导理论强调了非权力性影响力和提升影响力价值的意义。它顺应了组织发展的客观要求，也是组织管理人性化的必然趋势。柔性领导理论并不是反对传统管理理论，也不是否定权力性影响力的重要作用，而是强调人性化管理的现实重要意义。

四、领导竞争人才资源

领导竞争人才资源是领导竞争力的核心，是领导人才的重要组成部分。正确认识和理解领导竞争人才资源的地位，有利于进一步铸造领导竞争人才，不断提升领导竞争力。所谓领导竞争资源是指具有较高科学知识水平和某种特定才能或创造能力的领导人才资源。

（一）领导竞争人才特点

第一，理想崇高，志向远大。为了追求理想和事业，有彻底的献身精神。他们理想崇高，志向远大，有着为实现目标的强大信心和决心，不惜牺牲个人的利益和健康，甚至家庭和幸福，为自己奋斗的事业贡献一生。

第二，具有战略性，富有创造性。领导竞争人才更具有战略性和创新性，他们善于统领全局，抓住关键，站得高、想得远。思维具有超强性、深刻性和预见性。在观察、处理纷繁复杂问题时，对事物的本质和规律有更深刻的认识。他们更富有创造性和开拓精神。在这个意义上说，领导竞争性人才是“战略型”和“创造型”人才。

第三，思想敏锐，勇于承担风险。瞬息万变的社会，变化节奏快，更新周期短，涉及范围广，竞争异常激烈。现代领导型竞争人才要在竞争中取胜，必须有很强的超前性，根据情景变化，随时调整思路，敢担风险，快速寻找到最佳解决方案。他们是“竞争型”和“风险型”人才。

第四，知识面宽，综合能力强。领导竞争人才要适应社会变化，要求他们不仅具有精深的专业知识，还必须是熟悉知识的全才。思路开拓，知识面宽，观念新颖，综合能力强，能为领导团队出谋划策，在决策中起着举足轻重的作用。

（二）领导竞争人才功能

领导竞争人才对国家、社会、企业、学校的兴衰成败有着巨大影响，他们在领导人才系统中占据突出的地位，起着重要的作用。领导竞争人才的地位，由于经济社会发展和社会进步的原因，其重要性不断地得到强化。领导竞争人才主要有以下功能：

第一，预测功能。现代社会发展变化迅速，领导竞争人才必须具有预测未来，运筹帷幄，统筹全局能力。保持预测的有效性和科学性，为做决定奠定坚实的基础。

第二，咨询功能。领导竞争人才必须是整个领导团体的智囊团，能够充分发挥咨询服务功能，能够回答整个领导团队的各种问题，提出战略性建议、政策性报告、诊断出问题所在，并能及时提出解决方案。

第三，协调功能。领导竞争人才能注意各种上下级关系，理顺关系，协调各种矛盾，科学地掌握事物发展规律，保持全团队工作的高效率。

第四，决策和管理功能。领导竞争人才在发挥他们作用时，决策和管理作用是最重要功能。他们实行科学化决策和管理，有条不紊地开展高效工作，使决策和管理成为艺术。

第五，创新功能。创造是人才的本质特征，创新功能更是领导竞争人才的优势和特征。

五、如何增强领导竞争力

第一，维护团结、实现共赢是领导班子成员提升竞争力的基本前提。领导干部要以良好的党性促进团结，懂团结体现领导有智慧，能团结说明领导有本事，会团结表明领导有高境界。要形成团结一致干事业，全心全意抓工作良好政治局面。领导干部必须虚怀若谷，以德服人，团结同志，共同努力。做到政治上志同道合，情感上肝胆相照，工作上密切配合，相互关心、相互爱护。要充分发扬民主，增强团结，调动下属的劳动积极性、主动性和创造性，实现共赢，全面提升组织竞争力。

第二，敢于担当、善于担当，是提升竞争力的核心内容。领导干部必须敢于担当，善于担当，和群众打成一片，只有这样才能被群众所认可，才能得到群众的大力支持。一是要主动担当。责任意识是为政之德的根本。对党和人民高度负责，是领导干部为政之德前提。人民赋予领导干部权力和责任，领导干部就必须主动承担责任，奋勇前进。二是要勇于担当，领导干部要始终保持一种健康向上、艰难奋进、必定胜利的自信心。三是善于担当，领导干部要有聪明才智，善于谋略，科学决策，能解决大问题，做出大成绩。

第三，带好队伍，搞好班子建设，是提升竞争力的关键所在。善于用人是为政关键。一个人的力量毕竟是有限的，要学会发现人才、尊重人才、培养人才、使用人才。领导干部要学习带好队伍的本领，搞好班子建设，提高科学管理能力。要切实按照德才兼备、以德为先的原则选择和培养干部，要以坚强的党性、良好的作风、规范的制度和完美人格魅力抓班子建设。领导干部不仅要会发现人才、还要有效聚拢人才、团结人才、激励人才，发挥人才作用，从而全面提升竞争力，有效提升班子的整体领导水平。

第四，勇于实践，善于创新，是提升竞争力的重要途径。竞争力的提升，不仅需要不断学习和丰富生动的实践，更需要有敏锐的创新意识。只有勇于实践，善于创新，才能在竞争中立于不败之地。在全民创业、万众创新的时代，领导干部必须有终身学习理念，有驾驭市场经济的能力，能成为专家型领导干部。班子所有成员也必须通过持之以恒的学习和实践创新，才能在工作中不断提高竞争力，打造出一个凝聚力强、竞争力强和高效率的领导集体。

第五，光明磊落，廉洁自律，是提升竞争力的根本保证。领导干部如果自私自利，贪污受贿，违法乱纪，将成为人民的罪人。因此领导干部必须做到光明磊落，廉洁自律，成为人民的公仆。首先，要筑牢思想政治防线，要讲政治懂原则，守住底线，在大是大非面前保持头脑清醒。领导干部要有远大理想和信念，有坚强的精神支柱，有良好的人格特征，有高尚的道德情操，能自觉识别和抵制各种诱惑。其次，能正确对待和使用权力。不以权谋私、秉公用权、恰当用权，防止公权变成私权，以防权力成为交易的砝码，防止寻租现象出现。最后，要防止人格出现障碍或发生严重心理疾病，防止恶性事件发生。

综上所述，领导干部必须做到上述五个方面，领导竞争力才能有真正意义上的提升和完善。

第六章

病态人格： 人格障碍对领导行为的影响

每个个体在社会化过程中形成的人格特征并非都是健康和完善的。由于各种原因的存在，部分个体会出现人格障碍现象，人格障碍的存在会对个体的工作、生活和学习产生诸多负面影响。领导者的人格障碍会严重影响领导行为，阻碍其实现组织目标，会对被领导者产生消极影响。因此了解人格障碍的概念、类型和表现，对于及时发现领导人格异常，矫正领导人格障碍，促进人格健康发展，实现组织目标，具有十分重要的意义和价值。

一、人格障碍类型的面面观

（一）人格障碍的定义

心理学中的障碍（disorder）是指使个体产生烦恼和痛苦的行为模式或体验，它会导致个体在重要的生活领域（如工作、学习、婚姻、生活、人际关系等）出现无能、痛苦的加深、功能的丧失、死亡等风险。据美国精神病学会制定的第四版《精神疾病诊断与统计手册》（DSM－IV）显示，人格障碍（personality disorder）是指与个体所处文化无法相融的一种持久的体验和行为模式。人格特质是个体体验、思考以及与外界互动的模式，可在广泛的社会和个人情境中观察到。如果一种特质变得适应不良，缺乏弹性，并导致明显的功能损害和心理痛苦，就可认定是一种人格障碍。例如，一个人如果过于担心和紧张，总怕自己遗忘或者误事，出门之时反复检查门锁，我们就可以认为该种行为属于一种人格障碍。

（二）人格障碍的分类及表现

依据美国精神病学协会的观点，人格障碍通常表现为思维方式、感知方式、交往方式、自控行为方式等方面的异常。人格障碍可分为三大类别：反常类、古怪类和焦虑类。

反常类：指各种不能预测的、暴力的、情绪性的人格障碍。这类人通常难以控制情绪，惹人注目，很情绪化，反复无常，有时会发生极端性行为。主要包括反社会型人格障碍、边缘型人格障碍、表演型人格障碍和自恋型人格障碍。

古怪类：指那种使人感到不自在、各种异常的神经性人格障碍。包括分裂型人格障碍、偏执型人格障碍。

焦虑类：指特别表现为神经症性（neurtic paradox）的人格障碍。主要包括回避型人格障碍、依赖性人格障碍和强迫型人格障碍。

在这三类人格障碍中领导者常见人格障碍主要是以下几种：

1. 自恋型人格障碍

自恋型人格障碍最突出的特征是希望得到赞美、极度喜欢自我、缺乏洞察他人感受的能力。自恋型人格障碍者一般自命清高，喜欢炫耀自己的成就，贬低他人的功劳。常常做白日梦，幻想一夜暴富、幻想突然成功、感觉自己有巨大的影响力、极度喜欢他人的赞美、喜欢拥有权力。他们身上有一种优越感，觉得自己非同一般，只愿意和出类拔萃的人交往。这样的人会坚持请最好的律师，上名牌学校，穿名牌衣服，出入高档酒店。认为自己与众不同，高人一等。

自恋型人格障碍者的悖论，是指虽然自恋型人格障碍者的自尊心很强，但他们膨胀的自尊也很脆弱。也就是说，虽然他们看起来很自信，但仍需要来自他人的赞美和关注，而一个真正自信的人是不需要依赖于他人赞美而生存。自恋型人格障碍者过于依赖他人的反应来证实自己的重要性，他们希望定期得到他人的赞美，尤其热衷于获得自己亲近的人的赞美。因此他们对批评格外敏感，对批评者表露出类似于小孩子生气、噘嘴的情绪，即使在没有任何能够获得支持的情况下，也迫切希望别人看到自己的突出、独特和优越性。

造成自恋型人格障碍者交往困难的一个原因是他们对交往者的苛刻挑选，另一个原因是他们意识不到他人的真实需求和想法。在交谈时，总是在说自己，“我”这样，“我”那样。他们比一般人更倾向于使用第一人称（我、我的）。和自恋型人格障碍者交往的人总是抱怨自恋型人格障碍者以自我为中心，情感冷漠，不愿接受礼尚往来的交往模式。另外，自恋型人格障碍者还容易心生嫉妒，听到别人有成就时，总是诋毁其成功，他们认为自己比那些获得成功的人更值得被称赞，尤其喜欢在公众面前贬低他人。

2. 偏执型人格障碍

偏执型人格障碍者表现为对他人的极度不信任，视他人为威胁。他们总是毫无根据地认为他人在利用和欺骗自己。偏执型人格障碍者认为自己总是被伤害，总是怀疑他人的动机。具有偏执型人格障碍的人会因为一点小事或小的口角就记恨他人，甚至诉诸法庭，有时甚至会有意伤害威胁到他们信念的人。

3. 回避型人格障碍

回避型人格障碍者主要表现是：强烈的不胜任感和对他人

批评的敏感。人都不喜欢批评，但回避型人格障碍者会极力避免在学校、单位或其他场合给他人提供挑剔自己行为或性格的机会。他们焦虑的主要原因是对他人的批评与拒绝的极度恐惧，出于这种恐惧，他们会尽量减少交朋友，或少在新场合露面。

回避型人格障碍者的自尊水平极低，不能应对日常生活中的许多挑战。他们虽然在内心愿意和别人交往，甚至幻想和他人建立亲密关系，但由于害怕被拒绝或受到谴责，他们就丧失了建立良好关系、重塑信心的机会。

4．依赖型人格障碍

依赖型人格障碍者处处依赖他人，过分需要他人的照顾和呵护。他们以顺从的方式行事，以便获得他人更好的呵护，让他人控制情境。他们需要大量的鼓励和建议，甚至会把做决定的责任也推给他人。他们缺少决断力，生活中简单的事情都需要寻求他人的肯定和帮助。

依赖型人格障碍者容易屈从于本不赞同的意见和决定，以免惹被依赖者生气。他们缺乏自信，无法单独完成工作，需要不断地被肯定和鼓励，为得到他人的支持和帮助，甚至可以忍受各种极端的处境。这让他们无法看清自己的能力，容易推卸责任。

5．强迫型人格障碍

强迫型人格障碍者的特质是非常关注事物的条理性，极力追求完美。对秩序的高要求可以体现在对细节的关注和对规则、程序的遵循上。比如，他们会提前计划好每天上班要穿的衣服。他们通常对自己的要求很高，努力追求完美，但很少对自己满意。为了追求完美和事业的成功会牺牲业余时间和友谊。他们对工作过于认真，会占用夜晚和周末的时间去工作，很少休息。真有时间休息也更愿做严肃的事，他们的游戏更像工作。

强迫型人格障碍者在伦理和道德问题的处理上也不灵活。他们的自律性很强，从来都是循规蹈矩，责任心强，对别人也如此要求。因此不放心把工作交给别人去做，不愿意和他人共事。总在工作中给别人找麻烦，极端坚持己见，不容易妥协。

强迫型人格障碍的许多特征是可取的，追求完美、坚持自己的观点在工作中都是好的品质，只要不太极端就合理。

虽然理论上心理学家把人格障碍明确划分出了不同的类型，但在现实生活和工作中，可能会出现两种或多种人格问题发生在一个人身上的情况，这是由于个体心理的复杂性，在应对环境和工作压力时呈现出不同的状态，所以具体的人格障碍及治疗也需要具体问题具体分析。

二、适应不良，工作受挫

人格障碍问题会导致领导者在工作中出现适应不良的情况，也会让工作陷入不协调的状态，无法顺利推进，无法取得良好成绩，从而感受到挫折感。这种情况通常在职业转型、面临新的重大工作、自己突出能力倾向与岗位不匹配的时候出现。

在职场中调整个体行为，以适应工作需求及社会取向，使三者达到高度一致是重要的心理调节能力，这种能力就是工作适应的能力。职业适应（Occupational adaptation）即工作适应是指个体对工作环境、工作任务、工作活动、工作需要的适应。有些人善于调整自我意识和行为模式来适应新的环境及工作任务，会积极面对新的工作挑战。但也有人不善于及时调整心态，对新工作和新环境产生不适应的心理。这种心理会对工作产生消极影响，进而导致人们在工作中受挫，当遇到挫折或者自己的成果被否定时，适应不良者的信心会进一步受到打击，导致他们对工作丧失积极性。常见的工作适应不良包括：角色转变不适、职业关系不和谐、工作压力和挫折、价值冲突和环境不适应等。

（一）角色转变不适

角色转变不适通常表现为对新工作的角色任务认识不清，因为不熟悉新的工作知识和流程，不能快速地转变工作方式和完成工作任务，造成工作上的挫败。如果不能及时调整这种心态，可能会长时间不适应职业转化，形成极大的心理负担。多数人到了新的环境工作，都存在角色转变的适应问题。

（二）职业关系不和谐

职业关系不和谐主要表现为没有办法融入新的工作组织文化，不能及时调整工作方式，造成自己与新的工作团队的不协调、不同步，影响工作的开展和效率。不和谐一方面表现为个体与他人的关系不和谐，另一方面表现为自我在新的职业环境中的心理情绪的不适应。

不和谐的工作关系会造成工作者的心理压力增大，继而影响对工作的热情，会出现回避和抵抗的情绪，更加不利于职业关系的构建。所以对于新进入工作环境的从业者，应该进行岗前培训，对工作的挑战和未来的工作团队有一个基本的心理预期，才不会事到临头措手不及，不能调适自己的心理和情绪。

（三）工作压力和挫折

在自然进化过程中，人类通过组织的形式实行了有效的分工与合作，高效能的组织活动需要以组织成员的良好工作状态为前提。科技发展、工作节奏的加快使得组织成员承受着巨大的工作压力。超强的工作压力会导致组织员工产生严重挫折感，从而引发组织员工的工作不安全感。

有关工作压力的研究，大致存在三类学说：刺激说、反应说、刺激—反应说。

工作压力刺激说：是将人们所承受的压力程度规定了一定的限度，当压力强度超过了这个限度便有了破坏性。刺激说关注个体在外界环境的刺激下的反应，如紧张、恐惧等。因此，压力的刺激说强调工作压力应该在一定限度内，和个体的承受力协调，不然就会出现不良的后果。

工作压力反应说：是从个体角度出发，认为压力是个体置身于某种环境下的主观感受，是个体对于压力情境的体验和认知。个体对于压力的反应模式基本相同，反应强度却因人而异。压力对个体造成的影响也存在差异。

工作压力刺激—反应说综合了以上两种观点，认为个体对所处压力情境的主观反应与客观压力刺激强度相互作用形成了个体的工作压力。这种观点认为：个体特征差异、客观刺激情境的差异和不同个体对待压力的策略差异都是工作压力产生的重要因素，它们是综合作用的结果。

现代社会的工作压力强度较大，容易引发工作者的职业倦怠和受挫心理，产生消极情绪，如果无法调适和纾解就会引发更多的心理问题，当然不同的人应对压力的能力有差别，有时适当的工作压力也是促进人成长的好机会。

（四）价值冲突和环境不适应

价值冲突一般表现为个体价值和集体价值的取向差异，在利益问题对比尖锐时，就会发生个体利益和集体利益、短期利益和长期利益的冲突。利益观在发生价值冲突时是很重要的依据。

新的环境也会对工作者形成积极影响和消极影响，不友好工作氛围、混乱、落后的环境会使人变得消极，甚至想尽快逃离这种环境，无法正常完成工作。而干净温馨的工作环境、良好文化氛围、热情耐心的工作伙伴等因素则会对工作起到极大的支持作用。

案例　“扶贫书记”的角色困境

我们村是有名的贫困县，环境是比较差的，来之前就有心理准备，最难熬的是三伏天，那叫一个闷，那么热的天，蚊子苍蝇虫子乱爬，特别影响工作。

我刚来才半年，村里基本情况都摸熟了，光是摸熟还是不够。我看S县的书记开发光伏，搞了都一年了，弄得像模像样，我也想学人家搞光伏，有了人家的经验，一到自己干了完全不是那回事，我们村的先天条件跟他们不一样，我也不精通这一行，光在网上看还是不懂咋干。村民一开始还觉得挺新鲜，干着干着就没劲了，觉得看不见收益。我也没办法跟他们沟通，事情就耽搁下来了。

村里那些不甘心的早就出外打工了，留下来的多数都是没劳动力能的或者是不愿意干的，他们的生活节奏很慢很慢。他们也想让我帮他们脱贫，但是行动力滞后，不大能鼓舞起来。

刚来的时候肯定是受排挤的，人家听说是来当书记的，以为我要抢他的权力，有点抵抗心理。贫困村虽说是贫困，还是有比较富裕的人，有的就是靠权力赚钱。开会的时候懒懒散散，没有按时到的，尤其是开党员大会，一会儿来一个一会儿走一个，根本没有到齐的时候。

我们的工作上面还是要定期考核的，所以压力也很大，经常会有失眠和焦虑的时候，比较担心工作无法开展、无法按时完成任务。

选派第一书记到贫困村是从政策层面助力脱贫攻坚的重要举措。但事实上，从主题性视角出发，在角色理论的框架下，人们会发现" 扶贫书记" 是存在着角色困境的。主要表现为情景的不断变换和多重刚性任务的压力，会给书记们带来心理困惑，存在初期的环境不适应问题，因此，政府必须为他们创设能够适应的工作机制和工作环境，以帮助他们迅速实现工作目标，完成扶贫任务。

三、职业倦怠，创新精神不足

如果领导者的性格偏向于犹豫不决、依赖他人决定并且回避责任，随着工作时间的延长，就会出现职业倦怠问题，对工作产生厌倦，不愿意投入太多的时间和情感，工作的积极性越来越低，不能从工作中获得满足感，创新力也逐渐下降，这都是值得注意的问题。

倦怠（burnout）指个体在工作重压下产生的身心疲惫与耗竭的状态。最早由费登伯格（Freudenberger）于1974年提出此概念，他认为职业倦怠是一种最容易在助人行业中出现的情绪性耗竭的症状。随后马斯拉奇（Maslach）等人把对工作上长期的情绪及人际应激源做出反应而产生的心理综合症称为职业倦怠。一般而言，职业倦怠是个体不能顺利应对工作压力时的一种极端反应，是个体由于长时间压力体验而产生的情感、态度和行为衰竭状态。

职业倦怠最常表现为三种状态：一是对工作丧失热情，情绪烦躁、易怒，对前途感到无望，对周围的人、事物漠不关心。二是工作态度消极，对服务或者接触的对象越发没耐心。如教师厌倦教书，无故训斥和体罚学生；医护人员对工作厌倦而对病人态度恶劣，没有医德；政府工作者为官不作为，对工作厌倦，得过且过。三是对自己工作的意义和价值评价下降，常常迟到早退，甚至开始有跳槽或者离职念头。

马斯拉奇等人研制开发了工作倦怠量表（MBI），开始对社会部分工作者的工作倦怠情况进行测量研究。

职业倦怠一般表现为对工作开始出现程式化安排，不愿意进行改变和创新，对工作的积极性下降，无法从工作中获得满足感和获得感。通常是工作压力大、任务重、人事关系紧张、评价制度不合理、发展空间不足等因素造成职业倦怠感。

职业倦怠的形成不仅与个人因素有关，也与组织环境有关。个体因素中的年龄、性别、工作年限等因素都是影响职业倦怠心理的因素，研究数据表明，个体性格和情绪稳定程度也影响个体的倦怠心理感受，工作4～7年比较容易体验较高的倦怠。与个人特征相比影响职业倦怠心理的组织环境因素相对复杂一些，包括工作任务量、角色冲突与模糊、人际情绪压力及组织的特点等因素。工作时间压力、工作任务量与倦怠成正相关关系，压力越大，任务越重，越容易产生倦怠。个体经常处于工作时间紧、工作任务量大的状态，会产生情感耗竭、倦怠。研究者还发现，制度公平和程序公平也是影响因素，评价制度公平和程序公平会降低倦怠水平。

倦怠会使人出现情绪低落、精疲力竭，与同事陌生疏远、感觉工作无意义和成就感低。工作中出现了倦怠会影响工作状态，也会影响工作的创新力。工作的创新精神是由工作激情和工作投入程度来决定的。对工作有强烈的爱好和喜欢倾向，就会促进个体更加投入到工作中，对工作更加专注和享受，激发出创新行为，对工作有更大的热情和期待。如果倦怠水平较高，将直接降低个体对工作的兴趣，导致他们不会对工作投入太多的精力和时间，无法形成对工作的持久注意力，也就很难产生创新行为。所以有职业倦怠问题的个体创新精神不足，无法提高工作能力和工作效率。

案例 领导干部常见的职业倦怠表现

（1）“五十九岁心理”专指一些干部在退休前放松对自己的要求，滥权违纪的行为。从职业倦怠的角度观察可见，在广大干部特别是在普通干部中，不论工龄长短，个别干部在面临退休时，会出现一些失落感、不平衡感、挫败感等明显的心理问题，这些可以归结为干部的职业倦怠问题上的“五十九岁心理”。

主要表现是：工作没有激情、打不起精神、提不起兴趣、“不踏实”、“坐不下来”、熬日子盼退休。这种情况在广大干部群体中是存在的。对个体来说，并不是长期的，而是阶段性的，经过个人的努力调整心态会有改善。在实际工作中，这种状态是潜在的，往往是个体感受，不到一定程度基本上不会影响工作。

（2）“老同志”心态。一般来说，“老同志”是对工作时间长、贡献大、业绩好的同志的泛称，也是一个表示尊重的称谓。然而，一些干部以“老同志”自居，面对急难险重任务时，总是往后退缩，不求上进；面对改革创新任务时总是强调“老人老办法，新人新办法”。在实际工作中，往往光说不做、纸上谈兵，这是一个普遍的状态。

仅用作风问题不足以解释此现象。从调研上看，这在很大程度上也是职业倦怠的一种外在反映，是出于对压力、责任的“恐惧”而选择的“逃避”行为，他们从“老同志”受尊重受优待的氛围里寻找职业“安全感”。久而久之，在不自觉中形成惯性思维和行为方式，甚至成为一种“职业文化”。

（3）被动工作。一些干部在工作中缺乏积极性和创造性，尽管能够比较好地完成本职工作，但工作行为是被动的。部分干部的工作都是程式化的。如套文件、套规定、请示上级指示等，在工作上采取推一步走一步的态度，“你让我干什么，我就干什么”。工作中不主动多想深想，没有自己的思考和创造的因素，不会留下自己独特的“痕迹”。这种工作状态，往往是自己的主动选择和习惯性动作，仿佛这样做才会感到轻松些，压力会弱化一些。

四、领导心理资本贬值，工作胜任力下降

领导心理资本是由乐观、希望、自信和韧性构成。乐观主要是指领导者对外界变化环境和机会持有积极期望及行动的准备状态。希望主要是指领导者会为自身设置挑战性的目标，并积极去实现的品质。自信主要是指领导者不仅相信而且会从调动动机、认知和情感资源去实现具有挑战性工作的状态。韧性主要是指领导者面对困难和挫折具有迅速恢复并迎难而上和百折不挠的品质。从总体来说，领导心理资本不仅是一种积极正向心理品质，也是一种全新的看待环境和机会，并时刻准备行动的精神状态，因此会积极影响领导者自身和下属的心理状态和行为。但是这种心理也会受到人格障碍问题的影响，如果领导者出现了焦虑、回避等人格问题，甚至出现极端化的情况，就会导致其心理资本贬值，出现工作胜任力下降的情况。

具有心理问题的领导者，其心理资本中积极心理状态比心理健康的领导者差，他们的心理问题和人格障碍与心理资本呈负相关，说明个体的心理资本与其心理问题的产生和人格障碍的形成，可能存在某种内在联系。具有心理问题的领导者往往比较自卑、不自信，对待工作中的挫折容易持悲观态度，抗挫折能力很差，在韧性方面表现不足，工作缺乏目的性。总之，他们的积极心理状态较差。

领导心理资本出现贬值的时候，可以根据组织环境和个体情况进行调适和改善。主要有四个方法：

第一，开发自我效能感和自信的方法。让被开发者（领

导）体验积累成功经验或实现绩效目标，这是开发领导自我效能感和自信的最有效的方法。观察或观摩与自己背景和情形相似的领导持续努力后的成功。让值得尊敬的、有能力的人暗示、评价或劝说被开发者，使他产生强烈的努力愿望，提升其自我效能感、唤醒其自信心。

第二，开发希望的方法。确定和澄清具体的和有挑战性的组织和个人目标，用“分步法”（stepping method）将个人目标分解成可以管理的分目标。至少确定一种备选的实现目标的方法并制订相应的计划，享受实现目标过程中的乐趣，而不是仅仅关注最后结果。坚定信念，愿意在障碍和困难面前坚持到底；了解当初实现目标的方法为何失败，寻找到有效的替代方法；清楚一旦原目标受阻，应当立即采取新方案进行有效地操作。

第三，开发乐观的方法。主要包括三种方法：一是宽容过去。学会重新组织和接受自己过去的失败、错误和挫折。二是欣赏现在。感激和满足于当前生活中积极的一面。三是为将来的进步和发展寻找机会。将未来的不确定性视为发展和取得进步的机会，并采取积极、欢迎和自信的态度来应对。

第四，开发坚韧性的方法。一般采用三个策略：一是危险中心策略。该策略重点是降低可能出现不良结果的风险和紧张程度。二是资源中心策略。强调和增加可带来积极结果而没有危险的资源。三是过程中心策略。聚集适应系统的能量，以满足运用人的资源来管理危机因素的需要。

五、领导力减弱，管理效率降低

著名管理学家、心理学家弗里斯（Fliess）认为，领导者的心理矛盾和紧张情绪会对组织造成极大的破坏，所以人们应该试着对领导者的心理状况做进一步的了解。性格既是一种生理特性，也具有丰富深刻的社会属性，与领导者的社会角色、价值观和道德素养等因素紧密相关。在一个单位，处于重要岗位、拥有重要权力的领导者们，他们的性格特点对周边人的影响具有明显的放大效应，甚至会直接影响单位文化和政治生态。常见领导型人格障碍主要有自恋型人格障碍、强迫型人格障碍、忧郁型人格障碍、暴躁型人格障碍，这些人格障碍都会成为领导者的缺陷，减弱领导力，降低管理效率。

自恋型人格障碍的领导者会更容易相信自己能取得成功，但也容易使下属失去自我。其主要表现为：自大，对成功和权力充满无限幻想，相信自己是独一无二的，要求别人无限崇拜他们，权力意识强烈，对特别优待抱有不合理的期望，利用他人来达到自己的目的，忽视他人的感受，对别人比较傲慢无礼。短期内，自恋型人格障碍的领导者可以取得一定的成绩，但在长期工作中这种领导者容易丧失下属对他的信任和忠诚度，反而无法形成凝聚力强的团队，发挥不了组织的集体力量。

强迫型人格障碍领导者的特点是在工作中极端追求完美、追求细节，甚至事事过问，不相信下属的工作能力。这种情况下，其他人会感觉到工作能力受到质疑，工作权力也受到限制，会渐渐失去主动工作的兴趣，也不愿意承担责任。而且强迫型人格障碍的领导自己也会被细节、事务性的工作压得筋疲力尽，无法兼顾更长期、更宏观的目标，造成一叶障目的情况，对工作的开展不利。

忧郁型人格障碍的领导者会将单位的氛围弄得死气沉沉，他们总认为自己事事不顺。他们具有以下特征：无助感、无能感，缺乏食欲，体重下降，萎靡不振，抑郁、焦虑、长期疲劳，冷漠，注意力不集中，沉默无趣，容易产生内疚、自责、沮丧的感觉，甚至想到自杀。忧郁型人格障碍的领导者通常把工作看成是令人生厌的苦差事，对待工作总是持怀疑的态度，这种态度会营造出令人消极、沮丧和对人有害的氛围。工作的时候不仅对自己要求苛刻，也希望下属能够完成大量的工作任务，不断唠叨批评为他工作的人。所以忧郁型人格障碍者是不适合当领导人的。

暴躁型人格障碍的领导者通常以霸道者的姿态来对待他人和下属，忽视对别人造成的言语和行为伤害。暴躁型人格障碍的领导者只注重权力，他们认为弱者不值得同情。他们总是把个人的成功摆在第一位，也把对他人的好恶体现在管理制度和评价制度中，所以会导致不公平的现象出现，丧失下属和团队对其的信任感。甚至会影响领导团队的团结，直接影响了这一类领导者的长期发展。暴躁型人格障碍的领导者的一般表现是：固执己见、心胸狭窄、顽固不化、专横、偏执、不能容忍异己、精力充沛、好竞争、权力欲强。他们严格自律、事事追求完美、崇尚暴力、攻击性强、专横跋扈、苛刻、严酷、易怒、爱侮辱或贬低他人、造成下属的恐惧和厌恶情绪。

领导者人格特点决定了领导者的心理状态和行为模式，存在人格障碍问题的领导者会在工作中出现不理智的行为，这对管理决策和管理效果都会产生极大的不良影响，所以考察领导者的时候不仅需要关注领导者的管理能力，也需要关注领导者的心理状态，对存在人格障碍的领导者要及时进行人格修正和改善。

六、为什么会有“双面人”现象？

（一）“双面人”概念缘起

“双面人”原指《蝙蝠侠》系列漫画、电影中的著名反面人物。他左边脸孔有严重伤疤，经常身穿左右两边花色不相同的西装，无论做什么事情之前都会用丢铜板的方式来做决定，双面人的双重面貌意味着善恶之争。双面人于1941年第一次登场，名字叫哈维·肯特，他曾经是英俊挺拔，能力超凡的著名律师和检察官。在一次法庭审判中，不幸被当事人泼了硫酸，硫酸不仅毁了他的左脸，也在日后破坏了他的灵魂与人格。毁容之后，哈维众叛亲离，没有任何朋友帮助他，连他最爱的妻子也离他远去。原本完美的人生、前途毁于一旦。在伤痛、愤怒与憎恨交织的强烈情绪之下，他心中逐渐显现出一个与他截然不同的人格，他归咎于蝙蝠侠未能尽到保护的责任，决定报复蝙蝠侠和这个无情的社会。

哈维原本心中的善良依旧存在，因此他内心极度痛苦焦虑，逐渐形成严重的双重人格，呈现出善恶参半的人格特征。人们常说，每个人心中都住着一位天使和一个恶魔，意指人格结构的复杂性和多样性。当我们知情意协调一样时，我们人格是协调一致的，当我们知情意是冲突时，人格就会产生冲突，出现两面人或多面人的表现。

（二）“双面人”意味着人格分裂、多重人格

“双面人”在医学上特指一种分离性心理障碍。在现实社会中，各类人群中都存在着“双面人”现象。本书重点描述的“双面人”则是一个政治术语，主要指领导干部群体，专指在政治生活中矛盾冲突的双重人格，表现出双重政治话语和双重政治行为的人。人格是人类独有的个性，是个体区别于他人，且在自己的社会关系中体现出来的独具自我特色的为人处世的人品价值，这种独特性主要表现在行为模式、思维模式和情绪反应等方面。人格本身包含了两层含义：一是人格所具有的“外壳”，是展示给公众的外在表现，延伸为个人为了适应社会群体，必须遵从长期形成的社会文化习俗，做出符合社会道德行为规范所要求的所有反应。二是人格所具有的“内核”，即个体所想要掩盖的真实自我，延伸为个人的内在真实特征，个人由于某种原因不愿意展示给众人的人格成分。前者属于外部表象，后者则体现内在本质特征。一般而言，大多数人的“外壳”和“内核”是基本统一的，但也有少部分人存在“外壳”和“内核”部分分离甚至完全背离的现象。我们所描述的“双面人”干部就是指那些人格内在本质“内核”和“外壳”表象相背离的行为现象。他们的“外部面具”大多由于其独特的政治、经济地位而显得格外光鲜亮丽，但骨子里他们却是低俗的、虚伪的、腐败的人。“双面人”干部掌握着一定的公共权力，往往是集正和反双重角色于一身，表面上认同党和国家的

法律、法规，赞同党和国家的各项方针政策和社会主义核心价值体系。但是在内心和私底下的行动中，却与党和国家的法律法规、各项方针政策和社会主义核心价值体系完全背离。他们表里不一、善于伪装、双重人格并行。

（三）“双面人”干部的主要表现

“双面人”干部是指为最大程度谋取私利，以反差强烈而又鲜明的两副面孔呈现在工作、家庭和社会中的一类干部。他们以虚假面孔逢迎公众环境，以真实面孔面对私人或“小圈子”环境。“双面人”干部表面生活俭朴，克己奉公，私下索贿受贿，利己营私，对自己、“小圈子”的要求与对他人、公众的要求截然不同，尤其涉及利益是非等重大问题时更是如此。“双面人 ”干部拥有双面信仰 、双面形象和双面人格，他们具有伪装性、利益性、发展性三个基本特征。一是伪装性。伪装是“双面人”干部的基本功能。针对不同的情境、不同的人群，“双面人”干部表现出不同的领导行为，典型的表里不一。一边是工作上的废寝忘食，一边是生活上的贪污腐化，这是相当多的落马干部双面人生的真实写照。前中国铁道部部长刘某某表面上唱高调：“领导干部特别是一些主要领导干部，对于一些敏感的事不要插手，不能利用手中的权力谋取私利。特别抵制说情、打招呼。要有党性原则和法律意识，不能干的事情坚决不能做。”但背地里利用职务便利，为行贿人提供职务晋升、承揽工程，收受非法财物数千万元。宝鸡市公安局原局长范某某，外表十分的清廉，常肩背绿帆布挎包，脚穿解放鞋出现在众人面前。有人曾得到他的帮助并送来存折作为酬谢，他当场退还，并在存款单上写了“我虽没有钱，但我有人格，有党性”等字样。但是事实上，范某某不仅收受礼金、索贿、还暗示他人虚开发票。深圳市原市长许某某曾对“圈子”内的人毫不忌讳地说：“我在会上讲的那些话是给别人听的，咱们该怎么办还是怎么办。”昆明红十字会原常务副会长阮某，利用其在职权上的便利，购买高档烟酒，并经常到四星级酒店消费。而这么一个生活奢侈的人，却被评为“全国红十字系统先进个人”。二是利益性。在市场经济条件下，每一个利益主体都在进行着对利益的追逐。人本质是一种追求利益的动物，其行为的核心在于利益性。“双面人”干部归根结底是受物质利益的诱导和驱使，通过“双面人”行为获得自身利益最大化，这种利益既包括经济利益，也包括政治利益，他们为谋取利益不择手段、毫无底线、乐此不疲。三是发展性。“双面人”行为与其职务岗位变化紧密相连，“双面人”干部并非初始就如此，“双面人”行为会随其职务发展而发展。青年时期，许多干部表现出非凡的才干，才能在中年时期被委以重任。“双面人”干部由青年时期的发奋努力、谦虚谨慎，慢慢发展为中年时期的道貌岸然，内在隐藏着利欲熏心，腐化堕落，一些特权部门、重要领导岗位更是“双面人”干部滋长的重灾区。

（四）“双面人”干部的危害

一旦官场“双面人”盛行，干部“川剧变脸”成必练功，“真实的谎言”成必修课，这无论是对于干部自身身心健康、健康成长，还是对于组织执行力，党风政风及社会风气都带来极大危害。一是影响干部心理和谐。心理不和谐的问题说到底是认识不统一、不协调所致。“双面人”的价值观与党的价值理念大相径庭，“嘴上讲一套，实际做一套”，很多时候自己都不愿相信、不敢认同自己所宣讲的内容，呈现出价值观裂变、人格分裂与思想言行混乱。二是致使执行力低效。“双面人”干部习惯于讲假话随大流，弄虚作假，阳奉阴违，上面抓得紧就抓一抓，上面抓得松就放一放，上面不抓了就算了，致使不少战略规划成为一纸空文，工作虎头蛇尾或有始无终，组织执行力低效，影响国家经济社会可持续发展。三是败坏党风、政风和社会风气。在人民群众眼里，一个干部就是一个标杆、一面旗帜。在“双面人”出现的地方，坚持原则、公道正派、老实干事的人得不到认可和提拔，而投机钻营、阿谀奉承、左右逢源的“双面人”却获得赏识，得到提拔使用。“双面人”一旦成为干部认同的行为方式和生活哲学，就会直接恶化政治生态，激化干群矛盾，损害党的声誉和形象，削弱党的执政基础。同时，政界充斥着言行不一的“双面人”，必然会破坏正常的社会秩序，破坏道德底线，社会法律、道德系统形同虚设，致使现代社会应有的法治、规则理念遭到破坏，败坏社会风气，危及党的执政之基。

（五）“双面人”干部形成的心理因素

心理特征与“双面人”干部自身因素是“双面人”行为产生的关键要素。心理是行为的先导，干部的心理切实影响着其“双面人”行为。在此，主要从干部的攀比补偿心理、心存侥幸心理、二方面加以阐释。一是攀比补偿心理。公职人员的工资收入可以满足其日常生活，但是不能使其过上奢侈豪华的生活。在与企业家的交往过程中，“双面人”干部心理会逐步失去平衡。看着那些老板住豪宅开好车，穿名牌出入高档会所，灯红酒绿、纸醉金迷，生活过得何其潇洒自如。论学历、论学识、论能力，他们自我感觉比那些企业老板层次更高，但收入却少很多，想想心理就失衡。由此，“双面人”干部产生一种相对剥夺感和吃亏感，焦虑没有权力后怎么办？从而对组织产生不满情绪。在“合乎情理”的攀比补偿心理支配下，“双面人”干部深感自己的工资收入并不能与自己的付出相匹配，认为利用手中权力谋取一定利益也是对自己的合理补偿，也是合乎情理的，便将各种灰色收入视为正常的，“双面人”行为由此滋长。二是心存侥幸心理。在信息不完全的环境中，个别“双面人”行为本身就向人们传递着一个信号：“双面人”行为具有更高的收益和更低的成本。进而，干部明知“双面人”行为是违法乱纪的，但感觉自己应该没那么倒霉，相信自己的身份可以帮助自己掩盖“双面人 ”行为，产生了不会发生严重后果的投机心理，认为自己能够侥幸过关，从而大胆无惧地选择“双面人”行为。

（六）“双面人”干部的治理对策

第一，认知“双面人”干部治理的重要性。要从根本上遏制和逐步清除“双面人”现象，首先要解决观念问题。部分干部对“双面人”问题严重性认识不足，对“双面人”干部习以为常，并将其视为合情合理的现象，心安理得，不以为耻，反以为荣，甚至将之作为一种所谓的“政治智慧”追随学习。对此，我们必须重视和纠正。“双面人”干部往往表现为人文精神失落，价值系统失衡，道德水准下降、言行严重背离 。当人们将表里如一、言行一致视为“迂腐”“书生气十足”，将台上下两个形象、人前人后两种表现视为正常现象时，对干部心理和谐，党和政府执行力，党风政风、社会风气都将带来极大危害，因此必须深刻认识其严重性和危害性。只有思想上高度认识到“双面人”干部的危害性、严重性，干部才能严格约束自我，抵制不良的政治生态，将“表里如一”内化为一种工作态度，外化为一种生活方式。一旦干部自愿将“表里如一”作为自己的价值准则，将外部行为与内在价值和谐统一，“双面人”的现象就会减少甚至消失。

第二，要从多维视角分析产生“双面人”干部的影响因素，全面挖掘形成“双面人”干部的深层原因。以往学者们在研究领导干部“双面人”形成问题上，多从单一的道德视角入手。从目前社会复杂现实来看，道德因素不足以全面解释“双面人”干部的形成原因，还应从政治生态的优化、组织制度设计、组织文化等方面进行分析。首先，必须从组织政治生态入手，形成健康的组织氛围，优化组织政治生态，杜绝和避免“双面人”干部的滋生和出现。其次，组织制度设计也是重要的影响因素。在组织运行过程中，组织成员的目标追求和利益取向有可能不近趋同，制度设计尤为重要。如果干部激励、约束、监督机制健全、周密、完善，就会一定程度上降低“双面人”干部产生的概率。最后，组织文化也是重要影响因素。要加强组织文化建设，培养干部的优秀政治素养，形成优秀的政治品格和人格品质。防止个别干部表面显示出与社会主义核心价值观相吻合的行为，表面遵从社会规范要求，暗地却用隐蔽的方式加以抵制，慢慢形成“言不由衷”的行为习惯，逐渐成为“双面人”。防止人们对“双面人”敏感度减低，容忍阈值提高，习以为常。因此，必须从政治生态的优化培育、组织制度设计、组织文化发展等方面，为杜绝“双面人”干部出现提供有效地制度保障。

第三，高层领导的率先垂范是治理“双面人”干部的关键。高层领导居于行政体系的核心位置，掌握着资源的最终分配权。相比于理论说教和灌输而言，高层领导的率先垂范和大力推进更具有说服力。高层领导应该拥有强烈的危机意识，清晰明了“双面人”的危害，奖励和晋升那些表里如一的干部，发挥他们的榜样示范作用。杜绝提拔“双面人”干部，将他们排除在领导干部队伍之外。当然，“双面人”治理绝非是一蹴而就的事情，而是一个较长时间且充满痛苦的过程，要痛下决心彻底解决领导干部“双面人”问题。

第四，完善健全治理“双面人”干部的监督机制、惩罚机制。一是健全“双面人”干部的监督机制。如果用权力谋取私利，势必引起群众的不认同及排斥。因此要继续大力推行阳光政务，强化信息公开制度，实时公开干部日程安排、出行用车及接待消费等公务信息，增加权力行使的透明度，实行官员财产申报公示制度，建立多元化、立体化、全流程的干部权力监督体系，把权力关进公正公平的“笼子”。综合运用行政监督、司法监督、舆论监督等多种监督方式，压缩权力寻租空间，防止“双面人”干部滥用权力，败坏政治生态，影响党和国家事业。二是完善“双面人”干部的惩罚机制。干部选用是政治生态的晴雨表，要把“表里如一”标准贯穿于民主推荐、考察、讨论决定、任职全流程。在干部选用实践中引入“双面人”的一票否决权，畅通“表里如一者升”的渠道。一旦“双面人”现象显露，必须实事求是地对“双面人”干部做到零容忍，使其付出惨重代价。引导干部在“双面人”问题上保持清醒。加大对“双面人”干部惩处情况的公开，让干部明白“双面人”所要承担的后果及代价，形成用操作性和可行性较强的制度体系规范“双面人”干部行为。此外，制度一旦形成，就要视制度为最高权威，要在党内创建积极乐观、平和宽松的人际沟通氛围，促使班子成员敞开心扉讲真话、报实情。健全内部议事和决策机制，鼓励干部之间适当的观点交流与争论，及时化解干部之间的分歧或矛盾，降低“双面人”干部产生的概率。

第七章

我是一个什么样的人

领导人才资源是人力资源的第一资源。加强领导人力资源能力建设，提高领导核心竞争力，不仅是领导人才数量和质量上的竞争，也是人才选拔机制和方法技术上的竞争。在对领导人才选拔和测评中，领导人格的测评是重要内容之一。那么最重要的问题出现了，领导人才的选拔有科学方法吗？领导人格测评的国际通用方法有哪些？

一、领导人才测评的发展

（一）人才测评的兴起与特点

从西方人才测评的发展历史来看，人才测评最初产生于19世纪末，为了选拔适合工业化社会发展所需要的专业人才，西方一些从事心理测验的学者开始关注人才测评的理论与应用研究。

1883年，英国优生学家弗朗西斯·高尔顿爵士（Francis Galton）出版了《人类才能及其发展的研究》，首先将“测验”概念引入人才测评差异的鉴别测评当中。

1890年，美国心理学家卡特尔发表了《心理与测量》论文，提出了“心理测验”的概念。编制了第一套心理测验问卷，对个体的感觉能力及其差异进行了测量。

1905年，法国心理学家比奈（Binet）编制了世界上第一个智力测验量表：比奈－西蒙量表，对人的理解、推断、判断、智商等一系列智力问题进行了测量，智力测验进入正规化的研究状态中。第一次世界大战期间，人才测评方法和技术开始较多运用在教育评价、智力测验、临床诊断和军队合格士兵选拔领域中。

20 世纪 50 年代之后，人才测评进入快速发展阶段，重视能力与职业匹配关系研究，除了心理测验技术之外，面试技术、评价中心测评技术也得到了系统性研究和应用推广。

20 世纪 80 年代之后，结构化面试开始出现，它成为企业管理人才和公务员选拔的重要方法。1970 年，布耐（Bray）和比哈莫（Bihamo）对评价中心测评技术进行了规范化的研究，使此方法的实用性得到很大提高，并且进入商业化运作阶段。他们成立了国际维度开发公司，对外提供情景化测验的商业化服务，效果良好。至此，评价中心人才选拔、培训和测验方法得到广泛运用，世界上一些著名的大公司开始运用此方法为自己公司选拔人才。

（二）人才测评发展的基本特点

第一，人才测评在全社会的运用范围越来越广泛。从早期仅限于企业人才测评，发展到政府公务员测评、教育领域智力测验、学习发展风格测验、体育人才测评、医院精神科的辅助临床诊断、军队的合格人才选拔，等等。

第二，重视采用评价中心测评技术。评价中心测评技术也称为情景模拟测评技术，它是将被测评对象置于在将来工作职位的模拟情境中，采用多种评价技术，观察、判断和分析被观察者的心理和行为表现，对其能力、智力水平、职业匹配度做出基本判断，从而得出被测评者是否适合该职位工作的结论。由于评价中心测评技术综合了多种测评工具的优点，具有综合性、动态性、标准化、规范化、情境性等特征，因而测评结果科学性更强，准确性相对更高，受到社会的大力欢迎，得到快速的推广。但这种技术也有其缺点：测评成本较高，测评周期较长。

第三，面试的形式丰富多样。随着人才测评技术的不断发展，面试形式的测评出现明显的变化，最大的变化就是面试形式呈现出丰富多彩、形式各异局面。传统两人面对面一问一答的方法已不能满足人才测评的要求，开始出现两人面对面一问一答面试方法到小组相互作用面试方法、非结构性面试到结构化面试、一次性面试到分阶段性面试的变化。面试官也由单位领导和人事部门领导转变为由专业化组织机构负责测评全过程。既避免了人为因素的影响作用，也体现出测评手段和方法的科学化和专业化。

第四，基于胜任力的人员素质测评受到重视。早期的人才测评方法基本以智力水平为主要评价指标，但事实上一个人的领导水平高与低，智力因素只是其中一个影响因素。1974 年，美国心理学家麦克利兰（McClelland）发表了题为《测验胜任力而非智力》的文章，提出用胜任力取代智力，更能测量出一个人的领导力水平和能力，由此胜任力测评理念逐渐被大家所接受。

胜任力理论认为，领导者能力水平应当包括五个方面：动机/需要、人格特质、自我概念、社会角色和知识技能。测试人的胜任力水平高低，应当从以上五个方面入手，并进行综合分析，从而得出结论。

第五，人才测评技术市场化程度有所提高。人才测评技术的兴起和发展，满足了社会的发展需求，因而人才测评技术市场化成为必然趋势。美国每年无论是政府还是企业都有相当程度的人才测评需求市场。在中国，随着改革开放的不断深入，社会对人才测评技术的需求也越来越多，目前各级各类公务员的选拔和考核、事业单位人员招聘、企业单位的人员招聘、教育领域的人才测评、新兵入伍的选拔等，都在广泛开展和运用人才测评技术，未来人才测评技术市场化程度会越来越高。

二、领导人才测评的主要方法

目前，有关领导人才测评的方法较多，主要有以下几种：

第一，职务分析和履历评价分析技术。职务分析主要是通过细致地面谈、材料分析，对被测评者进行全面系统的理性分析，分析该岗位的目标、完成工作的边界、工作岗位的内容、工作达标具体要求、岗位完成的评价要求，从而判断被测评者完成状况，或者是未来他可能完成的预期，其实质是对人职匹配度的考量。

履历评价分析是根据被测评者的履历，分析其年龄、政治背景、受教育程度、专业水平、工作经历、深造培训、工作业绩、奖惩情况等具体状况，从而分析其是否适合将要任职的岗位。

第二，结构化面试。结构化面试是指面试之前，就面试内容、评分标准、评分方法、分数使用等一系列问题进行系统的结构化设计的方法。结构化面试具有系统性、标准化、规模化、可操作性等特征，考试官不得在面试过程中，随意修改试题和考核办法。公务员选拔和考核的面试时常采用结构化面试。

第三，领导胜任特征评价。领导胜任特征评价是一种新型的人力资源评价分析技术。胜任模型就是为完成某项任务，达成某一绩效目标所要求的一系列不同素质要素的组合，包括不同动机的表现、个性与品质要求、自我形象、社会角色要求、知识与技能要求。通过领导胜任模型，我们可以判断并发现导致领导工作业绩好坏差异的关键因素，从而成为改进工作绩效的基点。对相似的岗位不同的领导者绩效评价的差异就会一目了然，从而可以进行明确的分级。

第四，无领导小组讨论。无领导小组讨论又称无主持人讨论，也被称为小组相互作用分析。它是指将数名被测评者放在同一测评空间之内，将他们暂定为一个讨论小组。就某一个问题展开指定角色或者不指定角色的自由讨论，测评者通过对每位被测评者在讨论过程中的各种表现，如言语表达水平、逻辑思维能力、言语表达的主动性与被动性、行为表现、面部表情、情绪特征等，判断被测评的领导性特征。目前，我国部分省市在领导干部选拔中，开始运用无领导小组讨论方法，企业人员招聘中也常采用无领导小组讨论方法。

第五，公文包测验。公文包测验是评价中心测评技术中最常用的一种方法。该测验是将被测评者假设成一个领导或者某个重要岗位的顶替者，要求他们在模拟的情境中完成任务，开始处理一个打包压缩的公文包，里面有很多需要处理的文件。然后观察不同被测评者处理文件的不同模式，从而判断和推测被测评者的思维模式、行为操作模式、领导者能力水平等。

第六，角色扮演。角色扮演是主考官将被测评者放在一个特定的或者创设的情景中，主考官设置一系列尖锐冲突的人际冲突和矛盾，让被测评者根据演讲主题和相关材料，进行即兴演讲、劝说、试图以最快的速度解决人际冲突和矛盾。主考官观察每位被测评者的表现。如语言流畅性、语言逻辑性、语言的感染力、表情丰富性、肢体语言的丰富性、语言影响力等特征，从而判断被测评者的领导能力和水平。

第七，申论。申论考试诞生于20世纪90年代初期，当时考试内容就是命题作文，也就是单纯的写作考试。随着公务员考试制度的日趋完善，申论考试融入了西方发达国家文官考试中的案例分析内容，使申论考试由开放式转变为封闭式、由自由写作转变为定向分析，考试的针对性更加明显，试题的指向性更加鲜明，审题难度降低，答题要求更严。2004年4月中共中央组织部印发的《党政领导干部公开选拔和竞争上岗考试大纲》中，明确在笔试题型中增加申论题，并明确其定义：申论就是申说、议论的意思。申论题是一种特殊的考试题型，一般包括指示语、材料、答题内容及要求三个部分。从2000年开始，申论考试已经不是单纯的写作考试，而是改成阅读材料之后，对材料进行全面分析，然后运用写作手段进行全面的论述。考生必须具有丰富的综合学科知识，才能做到分析科学和透彻。同时还应当有较好的文字功底，才能把自己的思想顺畅、完整、准确地表达清楚。近几年，申论考试题型出现如下特征：命题形式的多样性、考试内容更贴近生活、给定材料内容更丰富和复杂、考试难度不断增加。

第八，领导人才情商测试。将情感智商运用到现代管理领域，是国内外学者近20年来一直探索研究的重大问题。领导管理实施的过程，往往是调动人的情绪和情感，激发工作积极性，促进工作发展的过程。情商作为领导者人才测评的一个非常重要的方面来加以考量。

情商是指情绪智力商数，当时是为了对应IQ（智商）而提出来的。戈尔曼博士认为，情商是一系列有助于个体应对日常生活需要的社会能力和情绪能力。它比智商更能预测一个人的成功。情商是一种性格的素质，是心灵的力量，是人文的素养。它包括情绪控制能力和调节能力，了解他人、激励他人和控制他人的能力，为人处世的能力等。

戈尔曼在《有效的领导方式》一文中，进一步将情绪智力定义为“有效管理自己以及自己的人际关系的能力”。一是情绪调控能力。情绪调控能力是指通过感情和情绪的自我调整和控制，使自己以最合理的方式行动的能力。领导人才要做到情绪调控，前提是必须准确地认识自己的情绪，具备较高的情绪认知能力并时刻意识到自己的情绪状态。优秀的领导者应当能够用自己的理智去抵挡各种因素的情感波涛，及时调控情绪，避免因情感失控而产生错误行为。二是自我激励能力。自我激励是人的情绪智力的重要因素之一。领导人才的自我激励主要反映在保持自信力和热忱。积极心境是领导人才的精神优势，它的渲染性和扩散性特点可以使领导人才保持极大的自信和高度的热忱。具备自我激励能力的领导能够在面对挫折和失败时，及时扭转局面，将不利因素转化为有利因素。三是情绪促进能力。情绪促进能力主要是情绪对思维的引导能力。领导人才的情绪促进能力主要体现为：在积极情绪下，能够激发创新思维；在消极情绪状态下，能够激发积极行为。四是人际关系管理能力。领导人才的人际关系管理能力，主要表现为对团队所有成员的情绪管理和人际关系协调，这是优秀领导的重要能力体现。

三、人格测评的可能性和合理性

除了前面阐述的八种领导人才测评方法之外，领导人格测评是众多领导人才测评方法中的一个重要方法。领导人格测评是指专业的测试人员运用心理学的相关知识对领导者的人格进行测试，以获取其人格特征，为领导的选拔与培训提供一定的科学参考依据。

了解人格这种心理现象的特性，我们才能更好地了解每个人的特点，才能更好地将其应用到领导人才的选拔和培训之中。人格具有如下特性。

第一，人格具有整体性和层次性特征。人格的整体性是指组成人格的各个要素不是孤立的、互补关联的，而是统一于有机整体之中，人格具有内在统一性。层次性是指根据各种人格成分的意义和作用的不同，人格可以分成不同层次。高层次的人格成分会对对低层次的人格成分进行控制，居于核心地位。

第二，人格具有独特性和公共性特征。一个人既具有独特的个人人格特点，也具有他所属团队的共同特征。如南北方人群的饮食和性格会有些区别。

第三，人格具有稳定性和可变性特征。一个人在不同时间、地点和场合常常会表现出一致性和持久性的人格特征，这就是人格稳定性表现。这种稳定性特征为人们对一个人未来可能发生行为的基本预测提供了可能性和现实性。同时，人格也不是一成不变的，一个人在成长过程中，由于各种因素的影响，人格也会发生相应的变化。

由于人格具有上述特征，人格测评成为领导人才测评工具具备了可能性和合理性。人格的整体性、稳定性和层次性为人格测评的理论框架分析奠定了坚实基础，而公共性、独特性和发展性为人格测评探索人格之间的差异性提供了理论依据。

四、领导人格测评的作用

领导者的人格作为领导者对现实稳定的态度和习惯化了的行为方式，对领导工作具有重要影响。

首先，领导者人格与领导者品德的形成有直接联系。人的品德本身就包含着部分人格特征，如正直、诚实等，既是人格特征，也是品德特征。正直诚实的人格品质更容易形成大公无私、刚直不阿的道德品质。而孤僻狭隘、冷漠无情的人格品质更容易形成自私自利、损公肥私的道德品质。

其次，领导者的人格对领导能力的形成具有促进和阻碍作用。人的人格与能力形成和发展之间存在着密切联系，优良的人格品质能够促进人能力的发展和提高。认真、谦虚、勤奋、热情和自制等优秀的人格特征，对领导者提高领导能力有巨大的促进作用。相反，马虎、懒惰、自私和骄傲等不良的人格特征，则会极大地阻碍领导者能力的进步和发展。

五、领导人格测评的方法及主要工具

领导者人格测评方法主要分为三大类：自陈法、投射法和其他类。

（一）自陈法

自陈量表是通过被测试者对大量单项选择题或者多项选择题所做的回答来判断人格特征。常见的人格自陈量表有：卡特尔16种人格因素问卷（16PF）、明尼苏达多项人格测验（MMPI）、艾森克人格问卷（EPQ）、加州心理问卷（CPI）、爱德华个性偏好测验（EPPS）、詹金斯活动性调查表（JAS）等。

自陈量表是人格测验中最常用的方法。所谓自陈就是让被测评者自己提供关于自己的人格特征的报告。这些问卷是将主观式的自我报告进行客观化和标准化，使其易于评分。自陈量表的基本假设是，只有被测评者自己最了解自己，因为自己可以随时随地内省体验和观察自我，而任何其他的观察者都不可能了解被测评者心理和行为的方方面面。况且，人格特征有时具有内隐性，从外部未必都能完全观察得到。自陈量表由于具有简单、方便、费用低、易操作等特点，应用十分广泛。自陈量表有单项量表和多项量表，其测量的均为被测评者人格特质。

自陈量表的题目形式及举例：

第一，是非题

例如：我喜欢参加热闹的公共集会

是（　）否（　）

第二，折中是非题

例如：有时我思想很乱

是（　）否（　）　不一定（　）

第三，多重选择题

例如：我最喜欢的朋友是这样的人

诚实的人（ ）热情的人（ ）能干的人（ ）幽默的人（ ）

第四，迫选题

例如：我喜欢修理家用电器（ ）

我喜欢在业余时间写一些抒情散文（ ）

迫选题就是必须从两个给定的选项中选出一个来。如果两个都喜欢，就选择一个相对更加喜欢的选项。如果两个都不喜欢，就选择一个相对而言不那么讨厌的选项。

第五，利克特式五点或七点量表式

例如：你对自己的家庭满意吗？

非常满意（ ）比较满意（ ）无所谓（ ）不太满意（ ）很不满意（ ）

（二）投射法

所谓投射就是让人们在不知不觉的情况下，把自己的态度、动机、内心冲突、价值观、需要、愿望、情绪、人格特征等各个方面通过中介物折射出来。我们通过投射测验所获得的资料来反映人格深层的无意识的内容。此类方法是向被测评者提供一些未经组织的积极情境，让被测评者在不受限制的情境下，自发表现出他的反应，通过分析反应的结果，从而推断出他的人格特征。

投射测验的基本前提假设是：首先，人对外界刺激的反应不是偶然的，有其内在原因。其次，人格结构是相对稳定的，即使外界情境发生变化，其本质反应应该是基本一致的。最后，量表是自己解释自己，相对是准确的。最常见的投射测验有：罗夏克墨迹测验、主体统觉测验、完成句子测验、绘画测验。

（三）其他类

一个人的人格特征，可以从他产生的社会效果上去观察，也就是可以从他对周围人的影响上去估量。这种通过观察给人的某种行为或特质确定一个分数的方法就叫评定法。表达评定结果的标准化程序叫作评定量表。

严格地说，评定量表并不是一种测验，它是以观察的、由他人做出的判断。而不是由被测评者本人做出的反应，评定方法可以看作是观察法中的一种方式。

情境测验也是属于其他类测验中的一种。情境测验是将被试置于特定的情境之中，由测试人员观察其在特殊情境之下的各种行为、心理反应，从而判断其人格特征。用于人格测验的情境，有实际生活情境、也有测试人员设计的特定情境。最常见的特定情境测验有品格教育测验和情境压力测验。

品格教育测验一般主要测试诚实、自我控制、利他主义品格和行为。在教育情境测验中，有研究者做过类似的测验。考试完毕后，将收上来的试卷进行复印，然后下放给学生并给出标准答案。告知学生本次测验由学生自己阅卷，等学生阅卷结束后，与复印卷进行一一对比，看看两份试卷是否一致。从而了解被测评者的诚信度。

情境压力测验是将被测评者置于一个特殊设计好的情境之中，该情景必须对被测评者产生一定程度的压力，然后由测试者观察记录被试如何应对情境压力，从而了解被测评者的人格特征。

（四）常见人格测评工具

1. 卡特尔16种人格因素问卷（16PF）

美国伊利诺伊州立大学卡特尔（R. B. Cattell）教授采用系统观察法、科学实验法和因素分析统计法确定了人格的16种根源特质。据此，他编制了16种人格因素问卷（Sixteen Personality Factor Questionnaire，16PF）。（见表7－1）

表7－1　16PF的各因素及高分者和低分者特征

因素	特质名称	低分者特征	高分者特征
A	乐群性	缄默孤独	乐群外向
B	聪慧性	迟钝、学识浅薄	聪慧、富有才识
C	稳定性	情绪激动	情绪稳定
E	恃强性	谦逊服从	好强固执
F	兴奋性	严肃审慎	轻松兴奋
G	有恒性	权宜敷衍	有恒负责
H	敢为性	畏怯退缩	冒险敢为
I	敏感性	理智、注重实际	敏感、感情用事
L	怀疑性	依赖随和	怀疑、刚愎
M	幻想性	现实、合乎成规	幻想、狂妄不羁
N	世故性	坦白直率、天真	精明能干、世故
O	忧虑性	安详沉着、有自信心	忧虑抑郁、烦恼多端
Q1	实验性	保守、服从传统	自由、批评、激进
Q2	独立性	依赖、附和	自立、当机立断
Q3	控制性	矛盾冲突、不明大体	知己知彼、自律谨严
Q4	紧张性	心平气和	紧张困扰

16 种人格因素各自独立，每一种因素与其他因素的相关性极小。每一种因素的测量能认识被试某一个方面的人格特质，整个问卷综合了解被试的 16 种人格因素，全面评价被试的人格特质。16PF 在国际上广泛流行，已经被译成法、意、德、日、中等国文字。16PF 适用于 16 岁以上青年和成年。我国现有三个版本：一是刘永和和梅雷迪思版本，于 1970 发表修订，共计 187 题；二是辽宁教育科学研究所李绍衣 1981 年修订版本；三是华东师范大学祝蓓里教授等人编制的版本。

16 种人格因素问卷题目举例如下（1981 年辽宁教育科学研究所修订版）：

1. 我很明了本测验的说明：A. 是的　B. 不确定　C. 不是的

12. 阅读时，我喜欢阅读：A. 自然科学书籍　B. 不确定　C. 政治理论书籍

19. 事情进行得不顺利时，我常常急得涕泪交流：A. 从不如此　B. 有时如此　C. 常常如此

24. 无论是工作、饮食，还是外出游览，我总是：A. 匆忙不能尽兴　B. 介于 A、C 之间　C. 从容不迫

35. 在公共场合，如果突然成为大家注意的中心，我就会感到局促不安：

A. 是的　B. 介于 A、C 之间　C. 不是的

47. 接受困难任务时，我总是：A. 有独立完成的信心　B. 不确定　C，希望有别人的帮助和指导

67. 我非常高兴时，总有一种好景不长的感觉：A. 是的　B. 介于 A、C 之间　C. 不是的

96. 我年轻的时候，与异性交往：A. 较多　B. 介于 A、

C之间 C. 较别人少

119. 我童年时，害怕黑暗的次数：A. 极多 B. 不太多 C. 几乎没有

159. 我明知自己有缺点，但不愿意接受别人的批评：A. 偶然如此 B. 极少如此 C. 从不如此

2. 艾森克人格问卷

英国心理学家艾森克1916年出生在德国柏林，1934年迁居英国，1940年获伦敦大学博士学位，1955年任伦敦大学心理学教授兼伦敦精神病研究院心理部主任。艾森克提倡因素分析研究方法，研究人格的遗传因素。艾森克主要著作有《人格维度》（1947年）、《人格的科学研究》（1952年）、《人类的人格结构》（1953年）、《心理学和精神病学的基础》（1955年）、《焦虑和歇斯底里的动力学》（1957年）、《艾森克人格问卷》（1975年）等。

艾森克人格问卷（Eysenck Personality Questionnaire, EPQ）是由艾森克与其夫人于1975年编制而成。EPQ有成人问卷和儿童问卷，成人问卷包括101题，儿童问卷包括97题。每种问卷包括四个量表：外内向量表（E）、神经质量表（N）、精神质量表（P）和效度量表（L），EPQ采用是非题答题方式，当被试回答问题时，若和标准答案一致得1分，不一致得0分。然后将所得分转化为T分值，然后在剖面图画出各维度的T分数点，将各点相连，即形成一条该被试的人格特征曲线图。（见图7－1）

艾森克反对将人格定义抽象化，他在《人格维度》中指出："人格是生命体表现出来的行为模式的总和。"这种行为模式由遗传和环境决定，具有相对稳定的结构特征。人格包括认

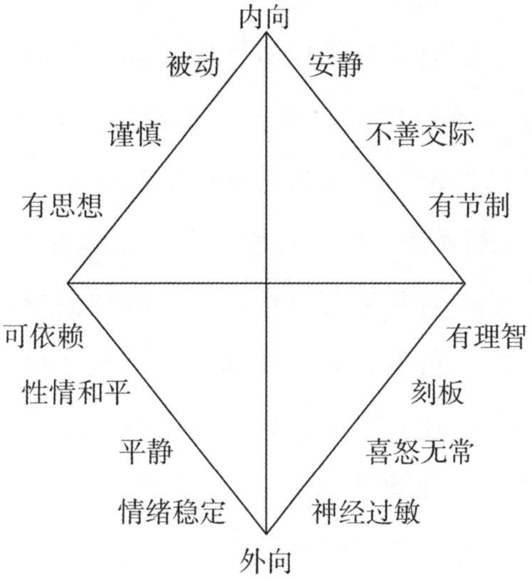

图 7－1　艾森克人格问卷维度

知、性格、气质、体质四个方面。性格是稳定的意动系统、气质是稳定的情感系统、智力是稳定的认知系统，体格是稳定的身体形态。

人格不仅具有结构性，还具有层次性，艾森克将人格层次分为类型水平、特质水平、习惯性反应水平和特殊性反应水平。类型水平是在观察一些不同特质的相互关系基础上得出的。特质水平是在观察一些不同习惯反应的相互关系基础上得出的。习惯性反应水平是在同样的环境中可以再次发生的特定反应。特殊性反应水平是个体在实验性试验时的反应。

人格维度是指每个个体都可以在一个连续尺度上占有特定的位置。艾森克将人的人格维度分为五个方面，其中核心维度有三个。一是外向性。此维度主要表现为具有情绪冲动、好交际、善社交、寻求刺激、好冒险、粗心大意、爱发脾气等特点。内向的人具有情绪稳定、好静、不爱社交、冷淡、不喜欢刺激、深思熟虑、喜欢有秩序的生活和工作、极少发脾气等特点。二是神经质。此维度又称情绪性，这一维度得分高的人易产生情绪变化，倾向于过度反应，体验到一种情绪后不容易恢复到常态。情绪不稳定的人，容易表现出高焦虑、喜怒无常、容易激动。情绪稳定的人，情绪反应缓慢且轻微，而且情绪容易恢复常态，表现为稳定、温和、容易自我克制、不易焦虑。三是精神质。精神质又称倔强性。是指精神的异常性，如果精神质表现明显时，行为容易出现异常。该维度得分高的人往往以自我为中心、冲动、冷酷、具有攻击性、缺乏同情心、不关心别人的感受。该维度得分低的人温柔、善良、富有同情心，无攻击性、注重他人的感受。

3. 五因素模型

人格特质论的主要观点在20世纪60年代就已经提出，经过多位特质论学者的研究，逐渐达成共识，他们提出了五因素模型。他们将人格分为五个维度：

第一，神经质。此维度依据人们情绪的稳定性和调节情况而将其置于一个连续统一体的某处。那些经常感到痛苦、忧伤、情绪容易波动的人在神经质的测量上会得高分。消极情绪会有许多不同的表现，如悲伤、内疚、愤怒、痛苦、烦恼、抑郁等。消极情绪的形成会有各种简单的和复杂的原因。在神经质的测量上得分低的人，会表现出平静、坦然、自我调适良好，不易出现极端性和消极情绪、有安全感。高分特质与低分特质的表现为：烦恼与平静、不安全与安全感、自怜与自我满足。

第二，外向性。此维度表现为极端外向和极端内向。外向者喜欢交际、精力充沛、乐观开朗、友好和自信。内向者相对孤僻、安静、自我、自主稳健。高分特质与低分特质表现为：

好交际与不好交际、喜欢娱乐与严肃、感情丰富与含蓄。

第三，开放性。此维度表现为对外界环境持开放和好奇的姿态，具有拥抱世界的想法。开放性高的人不仅有开放的人际关系，而且有活跃的想象力、主动探索和接受新事物、不拘泥于习俗、勇于创新、独立思考。开放性差的人则保守、传统、顽固，不喜欢接受新鲜事物。高分特质与低分特质表现为：富于想象与特别务实、寻求变化与墨守成规、自主与顺从。

第四，宜人性。此维度表现为乐于助人、关心他人、可信赖的和富有同情心。宜人性差的人则相对冷漠、不太懂得关心他人、对人容易产生敌意、疑心重、为利益斤斤计较。高分特质与低分特质表现为：热心与冷酷、信赖与怀疑、乐于助人与无法合作。

第五，责任感。此维度表现为具有自我控制力、自律性强、做事条理性强、有计划、持之以恒。责任感低的人马虎大意、见异思迁、不靠谱、成就欲望不强烈。高分特质与低分特质表现为：有序与无序、谨慎细心与粗枝大叶、自律与意志薄弱。

研究发现，每个个体在五个维度的表现，基本可以体现他的人格全貌。五因素模型在现实中有一定的应用，有助于合理选择人才，选拔员工。

4. *罗夏克墨迹测验*

罗夏克墨迹测验是由瑞士精神病学家罗夏（H. Rorschach）于1921年编制的，是非常有代表性并在当今世界上广泛使用的投射测验。它主要通过观察被测评者对一些标准化的墨迹图形的自由反应，评估被测评者所折射出来的个性特征。该测验最初制作时，是先在一张纸的中央滴一些墨汁，然后将纸对折，用力挤压，使墨汁向四面八方流动，形成两边对称但形状不定的墨汁图形。照此方法，罗夏克制作了多种墨迹图，包括黑色墨迹图和彩色墨迹图。罗夏克墨迹测验只能个别进行，不能集体测试。测试应该在安静、光线充足、温度适应的房间内由一位经过严格训练的测评者对一位被测评者进行，要求被测评者充分合作。测评者按照顺序将图片一张一张呈现给被测评者，让被测评者对问题依次进行作答（见图7－2）。研究发现，精神病人和正常人对墨迹反应有差别，不同精神病人对墨迹图反应有差别，不同人格的正常人对墨迹图反应有差别。罗夏认为人的知觉与人格之间存在密切联系，每个人对外界刺激的不同知觉反应投射出了其人格的不同，因此运用罗夏克墨迹测验方法可以判断被测评者的人格特征。

图7－2　罗夏克墨迹测验图

5. 主题统觉测验

主题统觉测验（Thematic Apperception Test，TAT）是投射测验中非常有名的一种方法。由莫瑞（Moray）和摩根（Morgan）于1935年在哈佛大学编制而成，主要任务是让被测评者根据所看到的图片自由联想编造故事，即是向被测评者提供一系列意义模糊的图片，并鼓励他按照图片编述故事。（见图7－3）

图 7－3　主题统觉测验

主题统觉测验的基本假设是：个人对图画情境所编制的故事与其生活经验有密切的关系。被测评者在编制故事时，不自觉地将隐藏在内心的冲突和欲望穿插在故事的情节里面，借故事中的行为宣泄出来，把个人的心理历程投射到故事之中。

全套测验包括 30 张内容模糊不清、暧昧不明的图片（全部为黑白色），另加一张空白卡片。图片的内容多为人物、景物等，实施测试时，对每一位被测评者从 30 张图片中选取 20 张（包括一张空白的在内），选取标准依据被测评者的性别及年龄而定。每次给被测评者一张图片，要求他编制一个故事，说明图中所表现的情景、事情发生的原因、可能的结果及个人的感想。要求故事越生动、越戏剧化越好。每张图片呈现 5 分钟，测评者详细记录被测评者的反应。研究者科学详细地制定了分析手册，用于科学分析被测评者的全部反应。

莫瑞认为应该从以下六个方面进行分析。一是主人公。分析一个故事首先要辨别被测评者在故事中认同和扮演的角色，如领袖、犯罪人、商业精英、父亲、儿子、老师、母亲、女儿、妻子。二是主人公的动机倾向和情感。分析主人公的行为动机和情感倾向，如主人公为啥要发生助人为乐的行为？主人公攻击他人行为是主动发生的还是被迫发生的？三是主人公所处的环境。被测评者假设主人公所处的环境，可以理解为安全的环境，也可以理解为存在风险的环境；可以理解为舒适环境，也可以理解为令人厌烦的环境。四是结果。被测评者根据测试时所想象的故事场景，结合自己编制的故事发生过程和条件，对故事的结果进行预测。五是主题。主人公的需要与环境压力相互作用与故事结局一起构成一个简单主题，简单主题的联合就形成一个复杂主题。研究者要根据被测评者的故事编制逻辑，从而分析出被测评者的内心深处心理困境，是来自环境本身还是被测评者自身问题。六是兴趣和情操。观察被测评者对图片中各种人物的比喻和虚幻倾向。例如，将图片中的老年女性比喻成母亲，将图片中的老年男性比喻成父亲，幻想图片中的年轻男子是自己的男朋友，等等。TAT 和所有的投射测验一样，主观性很强，因此评估结果时建议选择 3 ~4 位专家完成总体评估结果，避免由于个人因素对被测评者做出错误判断和分析。测评者通过被测评者编制故事的内容特质（故事格局、明确的内容、省略情节等）和形式特质（故事长度、种类、故事的组织、内容描述的恒定性）对被测评者的需要、情感、冲突、压力作出解释。

6. 内向—外向测验

内外向起初被认为是气质的主要维度，后来诸多的人格心理学家一致认为内外向更是人格特征的重要体现。华东师范大学孔克勤教授等人修订了日本学者的向性测验，下面是其中几个问题：

1. 能留心注意细微小事吗？　　是（否）

2. 能立刻下决心吗？　是（否）

3. 对于比较麻烦的事情也肯花功夫去做吗？　是（否）

4. 会在下了决心之后随意改变吗？　是（否）

5. 遇事经常认为“与其反复思考，还不如赶快行动”吗？　是（否）

6. 常常感到心情抑郁吗？　是（否）

7. 经常在遭到失败后就不再尝试了吗？　是（否）

8. 总是很快乐且无忧无虑的吗？　是（否）

9. 见到陌生人，喜欢说话吗？　是（否）

10. 经常将感情流于言表吗？　是（否）

测验时，每个人根据自己的实际情况，认真且真实地回答。如果情况属实，则在“是”上面画勾；如果不是，则在“否”上面画勾；最后将分数相加，就是被测评者的向性分数。

$$\text{评分公式：向性商数} = \frac{\text{外向性反应} + 1/2\ \text{没有回答的总数}}{25} \times 100$$

一般而言，以向性商数 100 为中心，被测评者得分在 100 分以上，可以认为是外向性格占优势；得分在 100 分以下，可以认为是内向性格占优势。

（五）领导人格测评的分析

领导人格测评是当今时代发现领导人才、选拔领导人才、运用领导人才、考核领导人才、发展领导人才的重要工具，其发展的前瞻性、科学性、有效性对于真正发现人才，正确评价人才、选择优秀人才，公正考核人才具有十分重要意义。当然，任何事情都具有双面性，领导人才测评也一样。在选拔和使用领导干部过程中，不能一味地完全依赖领导人格测评结果选拔干部，还必须结合被测评者其他的相关材料，进行综合认识和评价。如学历、工作经历、突出成绩、存在问题、家庭环境、社会阅历等各种因素都将对领导人才产生很大影响。上述因素会对我们正确判断领导人才的优劣产生重要影响。

第八章

做一个充满人格魅力的领导

习近平在2005年任浙江省委书记时发表了《要用人格魅力管好自己》的文章，文章提出“人格魅力是领导干部人品、气质、能力的综合反映，也是党的干部所应具备的公正无私、以身作则、言行一致优良品质的外在表现。”人格魅力是权力之外的对他人的影响力，与职责、职位无直接关系，但可以润物细无声，影响更持久也更有效。

2019年初新《中华人民共和国公务员法》正式通过，公务员任职条件增加三条：拥护中国共产党的领导和社会主义制度；具有良好的政治素质和道德品行；具有正常履行职责的身体条件和心理素质。新《中华人民共和国公务员法》中特别细化了公务员的良好品行内涵，一方面是指具备良好的政治素质，另一方面是指具备良好的道德品行。

2019年，习近平总书记在中央党校（国家行政学院）中青年春季干部培训班发表讲话时，强调党员干部既要在常学常新中加强理论修养，在真学真信中坚定理想信念，在学思践悟中牢纪初心使命，也要在细照笃行中不断修炼自我，在知行合一中主动担当作为，保持对党的忠诚心、对人民的感恩心、对事业的进取心、对法纪的敬畏心，做到信念坚、政治强、本领高、作风硬。他指出，一个政党有了远大的理想和崇高的追求，就能经受一次次挫折而又一次次奋起；一名干部有了坚定的理想信念，站位就高了，心胸就开阔了，就能坚持正确政治方向，做到“风雨不动安如山”。他也强调，为政之道，修身为本。干部的党性修养、道德水平，不会随着党龄工龄的增长而自然提高，也不会随着职务升迁而自然提高，必须强化自我修炼、自我约束、自我改造。人格是一个人精神修养的集中体现。光明磊落、坦荡无私，是共产党员的光辉品格，也是干部应该锤炼的品质修养。要坚守精神追求，见贤思齐，见不贤而内自省，处理好公和私、义和利、是和非、正和邪、苦和乐的关系。习近平总书记还指出“干部要行的端、走得正，就必须涵养道德操守，明礼诚信，怀德自重，保持严肃的生活作风、培养健康的生活情趣，特别是要增强自制力，做到慎独慎微”。人格魅力不是天生的，而是经过后天的磨炼、修养而形成的。领导的人格魅力应该从思想境界上提高、从宽阔胸怀上展现、对工作积极进取、能够坚持原则等方面进行不断自我提升和修炼。

一、了解自我，悦纳自我

世界卫生组织对“健康”的定义是：健康不仅指一个人没有残疾或疾病，而是指一个人有良好的身体、精神和社会适应能力。良好的精神要能够“认识自我、悦纳自我、控制自我”。认识自我就是对自己的性格和气质有洞察和理解，包括角色认识、社会知觉以及自我评价，随着自我观察的加深，将逐渐上升到自我评价的阶段。领导干部对自己理想、愿望、动机、行为和个性品质的评价，关系自己参与组织工作的积极性，也影响协调工作中的人际关系。

阿波罗神庙有一句箴言：“要认识你自己”。人类对自我的认识既是哲学的使命，也是人生成功的必然要求。正是有了人类对自我的执着探索，才使得人类不断更新自我、超越自我，最终使自己达到改造世界之目的。马克思主义者认为，自我认识在一定意义上是认识的结果，也是进一步认识的条件或内部动力。所以了解自我，不仅包含着认识自己本身，也包含着认识世界。

对自我的了解一般通过两个途径：内省和他人反馈。内省在心理学上指人对于自己的主观经验及其变化的观察，要在不同的情境下观察经验的变化，也要在同一情境中重复观察心理经验；内省不是指在心理现象发生的此时此刻进行观察，而是指对心理现象所遗留的“最初记忆”的观察，所以这样的内省过程不会妨碍心理现象的进行。中国传统的儒家学说中非常重视“自省”，强调个人应该经常内省、自查自己的思想和言行有无过失。孔子要求人们“内省”“自讼”。孟子的“内省”修养名为“存心”，也叫“求放心”。宋明理学家继承了孔孟的“内省”的修养方法，要求“诚敬”“致和”“集义”“致良知”等。这些方法都是自我观察，自我修养的重要方法，强调个人在审查自我、诚意正心方面要时刻自知、自查、自觉。

他人反馈是指对一个人行为的观察来描述并传递信息的过程，个人可以通过他人对自己的个性和行为模式的评价来判断自己的言行是否适当。他人反馈是基于一种理解和尊重的基础上的积极反馈才对被评价人有效。美国心理学家约瑟夫·勒夫特（Joseph Luft）和哈林顿·英格拉姆（Harrington Lngram）提出了“约哈里”窗口理论，这些窗口包括：公开的自我、盲目的自我、秘密的自我、未知的自我。人对自己的认识是一个不断探索的过程。在与他人的交往过程中，他人就是镜子，可以获得更客观的对自己的认识。通过他人的反馈了解自己，尊重别人给自己的反馈，能帮助自己更客观地认识自己，了解自己。

悦纳自己是基于对自己的深刻了解和接受，了解自己、悦纳自己，调适自我心理，积极主动来应对自我的人格缺陷问题，逐渐修正和勉励自己的言行，进一步提升自我的学识涵养和道德品质，通过向更优秀的人学习来纠正和提高自己，不断学习，日积月累就会逐渐养成优良的品格气质。

二、心理健康，人格完美

在领导干部的培养、选拔和使用过程中，必须充分注意其心理健康问题。现代科学研究表明，人的健康既包含躯体健康，也包含心理健康，心理健康每时每刻都在影响人的生理健康，也影响着人的行为。根据近年来中央纪委和地方各级纪委查办案件的情况看，一些干部之所以违纪违法乃至成了腐败分子，一个重要原因是具有严重的心理疾患。在人类领导史上，一些本来优秀的领导者甚至领袖人物，晚年之所以犯有这样那样的严重错误，同自身的心理变化，特别是发生心理疾患有直接关系。容许有心理疾患的人走上或留任重要领导岗位，就有可能付出沉重代价。

领导干部作为一个特殊的群体，对社会管理和社会服务有特殊的责任，但他们也和普通人一样会遇到心理问题。领导干部的心理健康是指智力、情绪、性格等精神方面的健康。一般来讲，判别心理健康水平需要考察五个方面的能力：一是适应能力。对环境的适应能力是人类赖以生存的基本条件。二是社会交往能力。社会交往能力是人类社会的基础，人类心理活动得以产生和维持，有赖于社会交往的发展。三是控制力。控制力是指自我控制和调节的能力。四是康复力。康复力是指个体在承受精神打击或刺激后心理创伤的复原能力。五是耐受力。耐受力是指对精神刺激或压力的承受能力及抵抗能力。具备了这五个能力，领导干部会有健康积极的心理素质应对各种挑战和挫折，即便是事业不顺、压力很大，他们也会积极应对，快速奋起，不会回避责任。

随着经济社会发展的加快，工作任务量的增大，心理健康已经越来越成为领导干部工作需要关注的问题。心理健康，工作和生活中就会表现出坚定执着、乐观自信、沉稳平和、奋发有为、严谨自律的良好精神状态。对于领导干部而言主要是以决策工作为主，每天接触大量的信息，面临复杂情况，解读信息、诠释信息并做出有效决策。健康的认知和思维能够保证一个人的信息选择和决策能力，也是体现领导能力和水平的关键因素。

领导干部既要保持心理健康，也要在工作实践中锤炼人格，加强党性修养。一是要加强修身立德。核心就是要坚定理想信念，加强党性修养，筑牢思想和行动的总开关。理想信念是党员领导干部的精神之魂，是精神修养的第一课，是一切行动的指南。二是要坚守精神追求。有鸿鹄之志，做到循循善诱，博学多才。人是要有一点精神的，中华文明的基因传承延续，中国的爱国主义民族精神相传，这种为国为民的大义精神是支撑中国共产党行动的内在品格。党员干部应该把这种精神镌刻于心并化作行动，不断激励自己和引导他人形成崇德向善的良好社会风尚。三是要涵养作风操守。党员干部在与人交往中，时刻谨记自己的使命和职责，做到明礼诚信，修身慎行，在日常生活中不断自省自查，追求高尚的生活方式，培养高洁的思想品味，才能稳住心神、管得住行为、守得住清白。

三、志存高远，格局宏阔

领导干部是坚定的马克思主义者，必须不忘初心，牢记使命。认真学习习近平新时代中国特色社会主义思想，充分认识新时代中国特色社会主义思想的历史地位，理解中国共产党的历史使命，全面领会习近平新时代中国特色社会主义思想的政治品格和精神风范。作为领导干部，要志存高远、坚韧不拔、格局宏阔、睿智深沉，坚决消除自私自利、不思进取、萎靡不振、得过且过、目光短浅、斤斤计较、贪图安逸、作风漂浮、脱离群众的惰气。克服领导干部中存在的慵懒散奢、推诿塞责、为官不为的现象。领导干部都应有大心眼、宽肩膀、阔胸膛，容得了异己，担得起重任，受得了委屈，有大思路、大规划和大格局。坚决不做精致的利己主义者，全心全意为人民服务。

伟大的思想家马克思志存高远，他在 17 岁时曾说过“为人类幸福而工作”的万丈豪言。他在《青年在选择职业时的思考》一文中写下了这样的人生理想：“如果我们选择了最能为人类幸福而劳动的职业，那么，重担就不能把我们压倒，因为这是为全人类做出的牺牲；那时我们得到的将不是可怜的、有限的和自私自利的欢乐。我们的幸福将属于千百万人，我们的事业虽然并不显赫一时，但将永远发挥作用。面对我们的骨灰，高尚的人们将洒下热泪。”他的英名和事业成就将永世长存，他用一生将高调诠释成高尚。他生活在欧洲动荡混乱的 19 世纪，目光如炬，身形魁梧，意志坚定，一生劳碌奔波，博学多才，著作等身。他发现了人类历史的发展规律，发现了剩余价值学说，发现了唯物史观，对整个人类历史产生了极其重要的影响，成为千年思想家第一人。马克思的人生告诉我们：人只有大格局才会有大成就。

四、清正廉洁，敬畏自律

清正廉洁、敬畏自律是中国共产党的宝贵精神品质，是新时代党员干部践行党的宗旨，坚持党的原则、实现党的远大目标的必要条件，也是为政之德的内在要求。无论是革命战争年代还是社会主义建设时期，中国共产党从未放松立党立德的要求。

廉者，政之本也。年轻干部不能认为自己年纪尚轻、资历尚浅、地位不高、权力不大，就放松在廉洁自律方面的要求。许多落马的“大老虎”曾经也是优秀的年轻干部。清正廉洁是一种素质，也是一种能力。对于党员干部来讲，能力有强有弱，但清正廉洁不是可有可无的。它是保证党员干部综合能力得以充分发挥的重要基础。有许多优秀的共产党员和领导干部真正做到了两袖清风，一尘不染。实践证明，廉洁方能聚人，律己方能服人，身正方能带人，无私才能感人。领导干部只有廉洁自律，才能保持清醒、牢记宗旨、坚定立场、明确方向，才能有为党和人民工作的资格，才能有凝聚力和号召力。

清正廉洁就是做到政治清醒、正气在身、为政以廉、洁身自好。

要做到政治清醒，一要增强立场坚定性。各级干部必须提高对理论学习的必要性和重要性的认识，坚持用科学的态度对待科学理论，通过深入学习习近平新时代中国特色社会主义思想，不断提高贯彻党的理论、方针、政策和路线水平。二要提高政治敏锐性。在政治问题上要有见微知著的眼光。能够透过现象看本质，抓住事物的要害，果断进行处置。三要维护纪律严肃性。党的团结统一，党的坚定领导，党的强大凝聚力、战斗力，都离不开严守党的政治纪律。严守党的政治纪律，最基本的一条就是要遵守党章、按照党章的要求去做。四要保持共产党人的纯洁性。共产党人的世界观和人生观，是把实现共产主义作为自己的伟大理想，以全心全意为人民谋幸福作为自己人生最崇高的理想，视祖国和人民的利益高于一切。领导干部应当具有为了党和人民利益而不惜牺牲自己的一切，甚至生命的高尚品德，无私无畏，清清白白为官，堂堂正正做人。

正气在身就是要坚持原则，敢于负责，不因私废公，不拿原则做交易。一是做人要正派，要树立正确的权力观、地位观和利益观，自觉遵守廉洁自律的各项规定，不利用工作之便谋取私利，不给跑官要官者可乘之机。要时时事事处处都保持清醒的头脑和冷静的思维，做到慎重、慎行、慎权、慎友。二是办事公正。按规律办事、按规矩办事、按原则办事。要堂堂正正、光明磊落，一切以人民利益为重，脚踏实地、实事求是。三是从政走正道。个人的从政升迁，除了组织的培养和关心外，还要依靠个人的思想品德和工作实绩。埋头苦干是成就一切事业所必须具备的基本态度，一个人要想取得进步，获得发展，只有依靠扎实的工作和坚持不懈的努力。

为政以廉就是要坚持信念防线、道德防线、法纪防线，不用公权谋私利。领导干部要从大处着眼，保持高度自觉性，坚决杜绝腐败问题的出现，不能脱离群众，违纪违法。领导干部要从自身做起，发挥表率作用，自觉提高党性和人格修养，以坚强的党性保持清醒的头脑，抵制腐败现象的侵蚀，以高尚的人格保持内在约束力，对群众产生巨大的感召力。还应该从生活日常做起，从小事做起，防微杜渐。

洁身自好就是要有“面对诱惑，心存恐惧”的意识，以平和之心对名利，自觉坚持洁心、洁身、洁行。要守得住清苦，不计较得失，不以身试法，谋取私利。要耐得住寂寞，敢当无名英雄，持之以恒做好日常工作，不为名所累，淡泊名利。要挡得住诱惑。堂堂正正做人，不贪图小利损大义。敢于面对各种歪风邪气，不为利所动、不为钱所动、不为色所迷。要顶得住压力。坚持原则，秉公办事，不要被亲情和私情所动摇，坚持不徇私情。

领导干部做到清正廉洁、敬畏自律，就相当于给党和人民撑起了一把保护伞，能够抵抗住各种寒风苦雨，能够实现中国共产党的初心。

五、勇于担当，敢担风险

习近平总书记指出：“是否具有担当精神，是否能够忠诚履责、尽心尽责，勇于担责，是检验每一个领导干部身上是否真正体现了共产党人先进性和纯洁性的重要方面。”责任意识是领导干部必须具备的基本素质，领导干部能不能干好工作，能不能起到带头作用，关键在于其是否具有强烈的责任意识，敢于担当、敢于负责，敢担风险。

勇于担当，敢担风险是一种政治责任。作为一种责任，“负责”和“担当”是一种自觉的、自发的理性行为。岗位与职务已经赋予了领导干部的责任和义务，对于该完成的任务，顶着压力也要干，对于应负责的责任，迎着风险也要上。领导干部面对问题和困难，不能束手无策，怨天尤人，要积极想对策、下功夫、求突破，更新思想观念和思维方式。一个人不论职位高低，一旦走上领导岗位就意味着肩挑担子，背负责任，所作所为要对人民负责，要对党托付给自己的责任负责。在一定意义上讲，不愿担责任，就不配当干部。

敢于担当，敢担风险也是一种思想境界。境界就是人的人生观、道德观和价值观的集中体现。一个人境界的高低体现了其对人生意义自觉的程度、其思想底蕴的深厚程度。只有将自身价值融合于社会价值，把小我融汇到大我中去的人生，才是有价值的高境界的人生。境界就是一种风格、一种态度、一种信仰、一种追求。有什么样的境界，就有什么样的人生态度，勇于担当，敢担风险就会激励领导干部砥砺前行，勤耕不辍。

敢于担当，敢担风险也是一种精神状态。领导干部的责任意识就表现为敢于担当责任、敢担风险的勇气和品质。表现为坚持实事求是的思想路线，一切从实际出发，从党的事业出发，敢于批评和自我批评。因为在其位、谋其政、担其责，敢担当就是不逃避问题，不逃避责任。这样才能干好工作，才能做出成绩，有所发展。

敢于担当，敢担风险更是一种能力体现。一个人政绩的大小、功劳的多少，在很大程度上取决于他的能力素质、理想的高度、雄心的大小。领导干部的思想力和行动力都是决定事业发展的重要助推器。敢于担当的能力具体体现在对理清思想、创新思路的认识能力；看准问题，找准对策的判断能力；科学运作、提高效率的运作能力；上策下行，确保效果的执行能力；把握形势，驾驭矛盾的应变能力；借助外力，左右逢源的灵活能力。

六、善于作为，敢于创新

习近平总书记在中央党校（国家行政学院）中青年干部培训班开班式上说“领导干部要有草摇叶向知鹿过、松风一起知虎来、一叶易色而知天下秋的见微知著能力”“干部要面对大是大非敢于亮剑，面对矛盾敢于迎难而上，面对危机困难敢于挺身而出，面对歪风邪气敢于坚决斗争，做疾风劲草、当烈火真金。干部成长无捷径可走，经风雨、见世面才能壮筋骨，长才干。要做起而行之的行动者、不做坐而论道的清谈客，当攻坚克难的奋斗者、不当怕见风雨的泥菩萨，在摸爬滚打中增长才干，在层层历练中积累经验。”习近平总书记的话教导我们，年轻干部要有主动担当作为的精神，要把学习成效转化在行动中、体现在解决工作难题的勇气中、解决问题的智慧和能力中。在充满挑战和机遇的伟大时代，勇立潮头，锐意进取，大显身手，勇做时代的弄潮儿。

领导干部除了敢于作为，还必须有善于作为的智慧。敢于作为和担当是态度，而善于作为是能力。领导干部必须重视学习，积累经验，增长才干。自觉修炼善学、善谋、善作的本领，修炼能打仗、打胜仗的本领，使自己成为精通本职工作的业务能手，而不能成为徒有一腔革命热情，但不懂学习、不善思考、不懂业务、没有智慧的“草包”。

领导干部不仅要敢于作为和善于作为，还应当有创新意识和创新精神。习近平总书记深刻指出：“自力更生是中华民族自立于世界科技民族之林的奋斗基点，自主创新是我们攀登世界科技高峰的必由之路。”无论是制度创新、科技创新、文化创新，还是领导管理创新，都离不开敢为人先，另辟蹊径的勇气和智慧。跟在别人后面步履蹒跚，永远不会超过别人，取得竞争胜利。

我国的创新事业正逢大有可为的历史机遇，也处于爬坡过坎的关键时期。尤其需要凝聚广泛的思想共识，熔铸坚实的精神支撑，激发创新的力量。实践告诉我们，伟大事业都基于创新，创新决定未来。领导干部要做到与时俱进，多谋善思，善于学习，提升综合素质；要大胆探索，不怕失败，勇于创新，发挥主动新和创造性，不断推进理论创新、实践创新和制度创新。

七、关爱下属，人际和谐

新时代是奋斗者的时代，事业因奋斗而成功，干部因奋斗而成长。开路看先锋，群众看干部。领导干部带头领跑、冲锋陷阵，光靠自己是完全不行的。必须团结一切可以团结的力量。大家在一起共事，既是一种责任，也是一种缘分。作为领导干部必须学会关爱下属，团结下属，搞好人际关系。要善于共事。

善共事，必须有一流的人品。与人共事，必须加强人品修养，不断提升自己的人格魅力。一个思想意识、道德品质好的领导干部，应当做到心地善良，与人为善、待人诚恳、光明磊落、讲大局、识大体，全局观念强，自觉维护团结。这样的领导干部，下属愿意和他合作，愿意听从他的领导。相反，下属很难愿意和他合作，听从他的指挥。

善共事，必须有容人之量。容人是一种美德、一种修养、一种境界、一种智慧。俗话说“将军额上能跑马，宰相肚里能撑船”。心有多宽，舞台就有多大，一个人的心胸和气量决定了一个的成就空间。作为领导干部应该有虚怀若谷、海纳百川的宽广胸怀，能装事、能容事、能化解心中的怨气。既能容忍之短，更能容忍和发挥他人之长；既要能容忍之过，更能容人之功，能看见并赞美他人的长处。美国总统林肯出生于一个平凡家庭，父亲是一个鞋匠，没有任何显赫的家庭背景。竞选总统之前，一个参议员为了让他退出竞选，讽刺他是一个鞋匠的儿子，有什么资格竞选总统？林肯回复那个议员说，父亲是一个伟大的鞋匠，他的手艺无人能及。林肯的宽容之心和反击之力，赢得了尊重和胜利。

善共事，必须要有爱人之心。领导干部对待下属和群众要有仁爱之心，要像对待自己的家人一样关心下属和群众，了解他们的思想动态和疾苦，关心他们的生活状况。当他们有困难时，要尽力帮助他们解决困难。当他们需要帮助的时候，一定要竭尽全力帮助他们。对待下属既要讲规矩、讲原则，不能是非不分，原则不明，也要讲人情、讲友谊。处理问题时既要遵照原则和程序，也要具体问题具体分析。要有同情心和人情味，在不违反法律和原则的基础上，尽量从他们的角度出发，让问题得到最优化解决。这样下属和群众才会信任你，爱戴你，视你为他们的亲人，愿意跟随你奋斗，愿意付出真心，愿意和你一起努力做大事。

善共事，必须要有谦让之心。相互谦让是合作之基础，是成功合作的关键因素之一。领导干部在下属面前，绝不能斤斤计较，意气用事，争名夺利，为自己谋私利，精致的利己主义者万万做不得。要学会让利于民，名利面前一定谦让，危险和困难面前往前冲，这才是下属和群众真正信得过的好干部。

善共事，必须要有和谐的人际关系。领导干部要有坦诚之心，与下属平等相处，彼此尊重。领导可以团结一切可以团结的力量，说老实话、办老实事、坦坦荡荡、诚实守信、言行一致。表里如一。大家就会感觉可靠踏实，对领导产生信任感、依赖感，把领导的事情当作自己的事情，把领导布置的任务当作自己的任务，竭尽全力去完成任务。这样的上下级人际关系可以说是十分和谐的人际关系，大家团结奋斗定能完成所有的任务。

关爱下属，建立和谐的人际关系，从心理学角度来讲就是建立一种心理契约。领导干部与下属或群众在互动过程中，往往会发生人际关系的变化：即相互彼此接近、趋同。由于这种接近和趋同，建立起情绪上和心理上的联系，形成一种不可言喻的心理上的默契。心理默契既是上下级之间交往中互相配合的融合点，又是防止上下级之间产生抵触、冲突的底线。心理契约联系越紧密，领导干部布置的任务更容易被下属接受和执行。反之，一旦心理契约遭到破坏，领导干部与下属关系紧张，人际和谐关系遭到破坏，工作效率会大幅度下降。

八、积极心态，感恩知足

积极心理学告诉我们，幸福不会从天而降，幸福需要靠自己努力争取。幸福是一种能力，也是一种智慧。领导干部必须学会用积极心态面对工作和生活，去处理工作和生活上遇到的一切难题。当前，心理健康越来越成为衡量领导干部综合素质的重要标准，领导心理健康有诸多标准和条件，其中最根本和最基础的条件之一，就是要拥有一个积极健康的心态。英国思想家伯特兰·罗素（Bertrand Russell）认为，人类种类各异的不快乐，一部分根源于外在的社会环境，一部分根源于内存的个人心理。具有积极乐观心态的人，往往将人生的感受与人生的生存状态区别开来，认为人生是一种体验，是一种感受，即使人的境遇由于外在因素而有所改变，人们无法通过自身的努力去改变自己的生存状态，人也可以通过自己的精神力量去调节自己的心理感受，尽量使自己处于最佳状态。一栋房屋上铺满了瓦片，乐观主义者看见的是整栋房屋基本完好，个别瓦坏了可以修修。而悲观主义者看见的是密密麻麻瓦片中一块瓦片没铺好，认为此房子坚决不能住。这就是心理学中所说的“漏掉的瓦片效应”。持有悲观消极心态的人，看不见自己的长处和优势，常常因缺乏信心和勇气而一事无成。当领导干部深刻地感受到自己出现消极情绪时，必须高度重视，去积极摆脱和消除这种消极情绪。首先，要允许自己情绪宣泄。当负面情绪导致工作无法进行的时候，适当的情绪宣泄是有必要的，可以发发牢骚，和下属一起吃饭时说说自己的苦恼，以便求得下属的理解和安慰。其次，注意心理换位。有些不良情绪常常是因为抱怨别人而产生的。抱怨上司看不见自己的辛苦和成绩，抱怨下属无能，抱怨合作伙伴偏执自私，心中骤升怒火，负面情绪无限扩大。这时一定要学会换位思考。站在上司、下属和合作伙伴的立场上看问题，有些怨气就会减少甚至消失。最后，还要学会自我暗示。学会用积极办法自我暗示，消除负面情绪和消极心态，做一个拥有积极健康、快乐心态的领导干部。

领导干部来自人民，根植人民，领导干部必须时时怀揣一颗感恩知足的心。感恩是一种美德和修养，是一种智慧和境界，是一种觉悟和责任。没有感恩就没有真正的美德，没有感恩就不是真正有修养的人。不懂感恩就是没有大智慧的人，不会感恩就是没有觉悟和责任的人。源远流长的中华文明，孕育了深厚的感恩文化传统，党的领导干部应当拥有感恩这种人生最宝贵的道德品质。懂得感恩的人，感恩是人格高尚、豁达大度、拥有大智慧的人，感恩是一种高贵的人性体现。山感恩地，方成其高峻；海感恩溪，方成其博大；天感恩鸟，方成其壮阔；人感恩他人，方成其大业。领导干部必须懂得感恩国家、感恩人民、感恩社会、感恩组织、感恩父母和家人、感恩同事、感恩朋友。把对父母和家人的感恩升华为对人民群众的大爱无疆，把对组织的感恩转化为做好工作、成就事业的强烈使命感和责任感，把对人民的感恩变为博大的爱国爱民情怀，上升为立党为公、执政为民的执政理念，转化为做好本职工作的无穷内在动力。

九、迎难而上，发挥作用

2019 年底暴发的新型冠状病毒疫情是一次危机，也是一次大考。这场疫情防控的人民战争、总体战、阻击战，是对各级党组织，特别是党员领导干部的重大考验。习近平总书记对广大党员干部提出了明确的要求，他要求各级党政干部，特别是主要领导干部必须坚守岗位、深入疫情第一线，在防控疫情中接受考验，全面掌握疫情，敢担责任，积极指导工作，要迎难而上，发挥作用。做到守土有责，守土尽责。

各级党组织要在斗争一线考察、识别干部：对表现突出的干部要大力褒奖，大胆使用；对不担当不作为、失职渎职干部必须严肃处理；对在紧要关头当逃兵的干部就地免职，追究责任。必须高度警惕领导干部麻痹思想、厌战思想、侥幸心理、松劲心态，防止前功尽弃，防止各种形式的官僚主义和形式主义。坚决杜绝下列现象发生：不敢担当、不愿负责、畏首畏尾、拖拖拉拉、疲疲沓沓、情况弄不清、工作没思路。防止敷衍应付、作风漂浮、百般推脱、左躲右闪，甚至临阵脱逃。

领导干部必须在危机时刻拿出勇气，挺身而出。要拿出战胜一切敌人而不被任何敌人所屈服的大无畏革命气魄，敢于冲在战场的最前线，敢打头阵、敢冒风险。用勇敢精神彰显共产党人的政治本色。要始终不忘初心，牢记使命，把人民至上的思想牢记心中，始终把人民的利益放在首位。必须增强领导干部综合能力和驾驭能力，努力学习专业知识，迅速提高管理能力，知难而上，勇挑重担，发挥作用。

钟南山院士、李兰娟院士可以说是表现突出的好医生、好干部。他们的专业素养值得信赖，他们对人民群众充满了热爱，他们是真正意义上的逆行者。国家卫健委医政医管局副局长焦雅辉也备受称赞，她多次出现在国家卫健委新闻发布会上，就疫情防控问题答记者问。焦雅辉面对记者提问，思路清楚，数据准确，干练利落，温情而理性，完全脱稿，对答如流。这是因为她对分管工作的精准把握，才能做到心中有数，思考缜密。许党生是河南驻马店上蔡县卧龙街道司法所所长，北大吴社区驻村干部。新型冠状病毒疫情发生以来，作为卧龙街道北大吴社区的驻村干部，许党生雷厉风行，迅速投入到疫情防控的第一线，冒着风险，带领社区干部宣传国家和社区卫生防疫政策，逐户排查由武汉返乡人员，做到心中有数。针对不理解防疫工作要求，甚至无理取闹的少数住户，许党生对他们耐心解释，反复做工作。即使被脾气暴躁的社区成员谩骂殴打，头部受伤，他仍然坚守岗位，一直坚持工作，就怕工作不到位出问题。上述的领导干部，体现出一个共产党干部的良好素质和奋斗精神，他们在关键时刻迎难而上，发挥了共产党员模范带头作用。

疫情是一本痛苦的教科书，它让我们学会反思。疫情也是淬炼干部的战场，它使我们的干部在此次战“疫”中淬出精神、砥砺作风、提升能力、突显成效，快速成长为受人民喜欢和爱戴的领导干部。

参考文献

1. 黄希庭:《人格心理学》，浙江教育出版社 2002 年版。

2. 中共浙江省委党校编写组:《学习习近平总书记系列讲话精神干部读本》，浙江人民出版社 2014 年版。

3. [美] 兰迪 · 拉森、戴维 · 巴斯著，郭永玉译:《人格心理学》，人民邮电出版社 2011 年版。

4. 风里:《五大品质：卓越领导力心里基因解码》，上海财经大学出版社 2013 年版。

5. 许德军:《领导力决定竞争力》，当代世界出版社 2009 年版。

6. [美] 杜安 · 舒尔茨、西德尼 · 艾伦 · 舒尔茨著，张登浩、李森译:《人格心理学：全面、科学的人性思考》，机械工业出版社 2018 年版。

7. 王登峰:《党政领导干部个人素质与心理健康》，西泠印社出版社 2010 年版。

8. 吴维库：《情商与影响力》，机械工业出版社 2019 年版。9. 许燕：《人格心理学导论》，中国人民大学出版社 2017 年版。

10. 胡月星：《领导人才测评》，中国发展出版社 2009 年版。

11. 苏勇、何智美：《现代组织行为学》，清华大学出版社 2009 年版。

12. 倍智人才研究院：《大五人格心理学》，北京联合出版公司 2018 年版。

13. ［美］G. R. 斯奈德、沙恩·洛佩斯著，王彦、席居哲、王艳梅译：《积极心理学》，人民邮电出版社 2013 年版。

14. 李舒东：《领导心力：与领导者谈领导心理》，党建读物出版社 2004 年版。

15. 赵民、林海峰、刘海梅：《竞争四力：决策力、领导力、管理力、执行力》，人民邮电出版社 2006 年版。

16. ［法］弗朗索瓦·勒洛尔、克里斯托夫·安德烈著，欧瑜译：《无处不在的人格》，生活·读书·新知三联书店 2015 年版。

17. ［美］霍根著，邹智敏译：《领导人格与组织命运》，中国轻工业出版社 2009 年版。

18. 本书课题组：《领导干部如何提高政治能力》，中共中央党校出版社 2018 年版。

19. 刘玉瑛：《与领导干部谈担当》，新华出版社 2015 年版。

20. 王伟政：《心力决定成果》，人民邮电出版社 2018 年版。

21. 王铎、戴秀英主编:《维护你的心灵:现代社会领导干部心理健康导读》,宁夏人民出版社 2012 年版。

22. 浙江省公务员局编:《心理调适与健康人生》,浙江人民出版社 2014 年版。

23. 燕国材、刘振中:《领导干部心理健康讲座》,中国友谊出版公司 2010 年版。

24.《领导干部要讲政德》编写组:《领导干部要讲政德》,人民出版社 2018 年版。

25. 虞梅生等:《现代领导竞争力》,江西人民出版社 2013 年版。

26. 王玉堂:《卓越领导力》,中共中央党校出版社 2019 年版。

27. 傅小兰、张侃主编:《中国国民心理健康发展报告 2017—2018》,社会科学文献出版社 2019 年版。

28. 郭永玉等:《人格心理学导论》。武汉大学出版社 2007 年版。

29. 茅于轼:《中国人的焦虑从哪里来》,群信出版社 2013 年版。

30. 叶险明:《世界历史视野中的哲学》,中国社会科学出版社 2007 年版。

31. [法]米歇尔·福柯著,汪民安主编:《福柯读本》,北京大学出版社 2010 年版。

32. 苏勇主编:《改变世界》,企业管理出版社 2016 年版。

33. 杨眉:《健康人格心理学》,首都经济贸易大学出版社 2016 年版。

34. 周天勇：《中国梦与中国道路》，社会科学文献出版社2013 年版。

35. 许一：《基于影响力的柔性领导模型》，《外国经济与管理》2007 年第 11 期。